어느 날 수학이
재밌어졌습니다

어느 날 수학이

**40점 수포자를
1등급으로 만든
7단계 공부법**

재밌어졌습니다

이찬영(역전수학) 지음

"30점에서 2등급까지,
중3에 초등 수학을 시작하고 벌어진 일"

중학교 내내 수학 점수가 30~40점대를 벗어나지 못했습니다. 기초가 전혀 없는 상태였어요. 학교와 학원에서는 중3 진도를 나가고 있었지만, 저는 중1 수학 내용도 제대로 모르는 상태였습니다.

이 책에 나온 공부법대로, 문제를 풀기 전에 '내가 정확히 모르는 개념이 무엇인지'를 하나씩 점검하기 시작했습니다. 초등학교 때 '분수' 개념을 제대로 이해하지 못했던 것이 중학교 수학까지 영향을 미치고 있다는 사실도 알게 되었습니다.

그래서 '이 정도는 알겠지'라는 생각을 버리고, 처음부터 차근차근 다시 공부했습니다. 이전에는 손도 대지 못했던 문제들이 하나씩 풀리기 시작했고, 성적도 빠르게 올랐습니다.

30점대에서 2등급까지 올린 제게, 어느 순간 수학은 두려운 과목이 아니라 흥미로운 과목이 되어 있었어요.

중학생 K양 - 수학 30~40점대 → 2등급

"8등급 수포자가 1년 만에 수학으로 대학 진학에 성공한 비결"

저는 고등학교에 올라와서 수학을 완전히 놓아버린 학생이었습니다. 고등학교 1, 2학년 때부터는 아예 외국어처럼 느껴졌어요. 수업 진도를 따라가는 것 자체가 불가능했고, 시험 때마다 8~9등급을 받으며 '나는 수학이랑 맞지 않는 사람인가 보다' 하고 거의 포기한 상태였습니다.

이 책의 방법대로 공부하면서 가장 먼저 달라진 건, '이렇게 하면 나도 할 수 있겠다'라는 마음가짐이었어요. 지금 내 수준에 맞는 계획을 세우고, 그걸 지켜나가면서 끈기와 자기 확신이 생겼어요. 그 이후로는 누가 시키지 않아도 알아서 공부하기 시작했습니다.

그렇게 꾸준하게 공부했더니 1년도 채 되지 않아 3등급까지 수학 성적을 올릴 수 있었습니다. 8등급 받던 제가요. 솔직히 아직까지도 신기해요.

수학 머리가 없다고 생각했는데, 제대로 된 공부 방법을 몰랐던 거더라고요.

고등학생 S양 - 수학 8~9등급 → 3등급

"내가 다시 마음을 다잡고
수학을 공부할 수 있었던 이유"

중학생 때 제 수학 점수는 늘 처참했고, 부모님의 큰 걱정거리였어요. 정작 저는 수학에 대한 두려움이 커서 잘하고 싶다는 마음조차 없는 상태였습니다. 학원과 과외를 병행해도 상황은 나아지지 않았고, 수학이 점점 싫어지기만 했어요.

선생님과의 첫 만남에서 제가 수학에 가진 감정을 들여다보는 시간을 가졌습니다. 이후에는 '아주 작은 성공 경험'을 쌓는 데 집중했어요. 이 과정을 통해 수학이 점점 덜 부담스럽게 느껴졌습니다. 자연스레 새로운 목표가 생겼고, 그 목표를 향해 수학을 계속 공부할 수 있겠다는 용기가 생겼습니다. 한 문제라도 끝까지 고민해 풀고 정답을 맞히는 경험은 수학뿐만 아니라 다른 공부에도 의욕이 생기도록 만들어주었습니다.

중학생 H군 - 수학 10~20점대 → 70점대

"수능 90일 전, 3등급에서
한의대 합격을 이뤄낸 멘탈 관리법"

수능을 두세 달 앞둔 시점, 제 수학 점수는 3등급이었습니다. 점수를 더 이상 올리기 어렵다고 생각했고, 이제는 무엇을 어떻게 해야 할지도 막막했습니다.

그때 이 책의 공부법대로 공부 방식을 바꾸었습니다. 특히 멘탈 관리와 실전 전략의 중요성을 깨닫고, 시험에서 문제 풀이 속도를 높이는 방법을 익혔습니다.

그 덕분에 실전에서 흔들리지 않고 실력을 온전히 발휘할 수 있었고, 수능에서 1등급을 받았습니다. 현재는 한의대에 다니며 새로운 목표를 향해 달리고 있습니다. 저처럼 수학 공부에서 막막함을 느낀 적 있는 친구들에게 가장 먼저 추천하고 싶은 책입니다.

고등학생 J군 - 수능 수학 3등급 → 1등급

꼴등에서 1등이 되기까지, 내가 발견한 수학 공부의 절대 원리

"수학이 너무 싫어요. 학원 가기가 힘들어요."

"교과서를 읽어도 무슨 말인지 모르겠어요. 희망이 있을까요?"

"초등학교까지는 수학이 할 만했는데, 중학교 가니까 왜 이렇게 어려워요?"

"수학은 재능 아닌가요? 제 친구는 잘하는데 저는 너무 못해요. 왜 배우는지도 모르겠어요."

이 질문들은 내가 수백 명의 학생들을 가르치면서 가장 많이 들은 말이다. 그리고 이 말들은 내가 한때 제일 많이 했던 말이기도 하다. 이 책은 그 질문들에 대한 나의 대답이다.

나는 수학 40점 반 꼴찌였다. 담임 선생님이 엄마에게 전화를 걸어, "찬영이는 수학을 처음부터 다시 시켜야 할 것 같아요"라고 말할 정도였다. 그날의 수치심은 지금도 생생하다.

학원에서도 거절당했다. 입학 테스트를 보면 선생님들은 안 될 것 같다는 눈빛으로 나와 엄마를 쳐다보았다. 집에서 열심히 공부해 봐도 수학 점수는 오르지 않았다. 그때의 나에게 수학은 넘을 수 없는 벽이었다.

그랬던 내가 전교 1등이 되었다. 결코 우연이나 재능은 아니었다. 수학을 잘하는 친구들을 관찰하고, 나만의 공부법을 만들었다. 그리고 그 공부법을 꾸준하게 실천했다. 점수가 조금씩 오르기 시작했다. 40점에서 50점으로, 50점에서 70점으로, 그리고 마침내 100점까지. 그 과정에서 수학은 재능의 문제보다는 '전략'의 문제임을 깨달았다.

그때부터 예전의 나처럼 수학을 어려워하는 친구들에게 수학을 가르치기 시작했다. 지금까지 1,000명 이상의 학생에게 이 방법을 전했고, 나를 포함한 수많은 학생이 수학 노베이스에서 벗어나 수학을 정복했다. 이 책에는 그 과정에서 검증된 전략만을 담았다.

재능이 아니라 전략으로 이기는 공부법

이 책은 흔한 공부법 책이 아니다. 지루해도 매일 앉아서 10시간씩 공부하면 성적이 바뀐다는 뻔한 말을 하려는 것이 아니다. 이 책은 그와 정반대인 두 가지 질문에서 시작되었다.

첫째, 어떻게 하면 게임처럼 쉽고 재미있게 수학 점수를 올릴 수 있을까?
둘째, 빠르고 효율적으로 성적을 올리는 지름길이 있지 않을까?

이 책은 수학 공부를 하나의 게임으로 바라보는 일에서 시작한다. 수학 점수를 올리는 과정을 7단계 전략으로 정리해 누구나 쉽고 재미있게 따라 할 수 있도록 만들었다. 그래서 다른 수학 공부법 책보다 쉽고 재미있을 것이라 자신한다.

이 7단계 공부법은 내가 수포자에서 전교 1등으로 올라온 경험에서 시작해 1,000명 이상의 학생에게 적용해 보고, 가장 효과가 좋은 것만 추리고 추린 결과물이다.

이 책은 4개의 파트로 구성했다. LEVEL 1에는 수포자에서 전교 1등이 된 나의 이야기를 담았다. 수학을 포기하고 싶은 학생들에게 아직 역전의 기회가 남아 있다는 것을 내 경험을 통해 보여주고 싶다.

LEVEL 2에서는 본격적인 공부에 앞서 명심해야 할 수학 공부의 기본을 알려준다. 학교 수학 시간처럼 개념을 공부하는 것은 아니다. 앞서 말했듯이 수학을 게임처럼 공부하기 위해서는 재능보다 더 필요한 것이 있다. 이 게임에 우리가 어떤 마음가짐으로 임해야 할지를 알려주는 튜토리얼이라고 생각하면 된다.

LEVEL 3은 이 책의 핵심인 '7단계 공부법'이다. 공부 멘탈을 새롭게 다잡는 일부터 시험장에서 실력을 200퍼센트 발휘하는 방법까지. 초, 중, 고등 모든 단계에서 적용할 수 있다. 1단계부터 7단계까지 웬만하면 순서를 지켜서 읽어보자.

LEVEL 4에는 학생들이 내게 가장 많이 묻는 질문을 기반으로, 공부를 시작하거나 시험을 보기 직전에 꼭 명심해야 할 점을 담았다. 본인에게 해당하는 질문을 먼저 읽고, 나머지 질문도 차근차근 읽어보자.

이 책은 중학교 노베이스 학생을 대상으로 썼지만, 고등학교 내신이나 수능 수학을 대비하는 학생이 공부를 바라보는 관점을 다시 잡는 데에도 충분히 도움이 된다. 실제로 내가 이 책에서 소개하는 공부법은 고등학생들을 가르칠 때도 동일하게 쓰인다. 본인이 어떤 난계에 있든 이 책에서 자신에게 맞는 전략을 찾아서 필요한 공부를 효율적으로 하기를 바란다.

수학이라는 벽 앞에서 도망치지 마라

최근 한 조사에 따르면, 중학교 3학년의 약 33퍼센트, 고등학교 2학년의 40퍼센트는 스스로를 '수포자'라고 인식한다고 한다. 이 비율은 4년 전보다 약 10퍼센트나 증가했다. 수학 때문에 스트레스를 받는다고 답한 학생 또한 무려 80퍼센트가 넘는다. 대한민국의 거의 모든 학생이 수학으로 고통받고 있는 것이다. 나 또한 이런 학생들을 많이 만났다. 하지만 여기서 수학을 포기하면 생각보다 잃는 것이 많다.

수학은 공부량이 많은 과목이기에 수학을 포기하면 당장은 공부할 것이 적어서 좋을 수 있다. 하지만 중학생 때 수학을 포기한 학생이 1~2년 뒤 고등학생이 되어 다시 수학 공부를 시작하려고 하면 그간 꾸준하게 공부를 해온 학생과 압도적인 격차를 실감하게 된다. 물론 이 격차를 좁힐 수 있지만, 중학교 수학을 포기하지 않는다면 조금은 더 쉬운 길을 갈 수 있다.

수학 공부를 포기하면 안 되는 이유는 하나 더 있다. 수학 공부는 어쩌면 우리가 인생에서 '처음 만나는 벽'이다. 그 벽을 어떻게 다루는지가 앞으로의 인생에서 만날 여러 벽을 맞닥뜨리는 태도를 결정하기도 한다.

그 벽을 점프해서 넘을지, 무서워서 피할지는 수학을 어떻게 다루었는지에 따라 달라진다. 예를 들어 수학 한 문제를 오래 붙들어본 경험은 인생을 쉽게 포기하지 않는 태도로 이어진다. 안 풀리는 문제 앞에서 포기하지 않고 끝까지 고민해 본 시간이 쌓이면 수학뿐만 아니라 인생의 어떠한 고난 앞에서도 쉽게 무너지지 않는다.

달라진 마음가짐으로
오늘부터 수학을 정복해 보자

여러분은 이 책을 읽은 뒤 수학에 대한 마음가짐이 아예 달라질 것이다.

'난 수학에 재능이 없으니, 희망이 없어' 같은 포기와 체념 가득한 생각을 버리고 '어떻게 자기 확신과 끈기를 늘릴까?' '이번에 수학 점수가 오르지 않았다면, 7단계 공부법 중 어느 단계에서 문제가 생긴 것일까?' 같은 도전 의식과 실행력을 가지게 될 것이다. 막연한 불안 대신 구체적인 행동으로 실천하는 법을 알게 되는 것이다.

여러분들은 지금 수학을 잘하고 싶은 마음에 이 책을 집어 들었을 것이다. 어디에서부터 시작해야 할지 막막하고, 지금 시작해도 성적을 올릴 수 있을지 의문이라면 이 책과 함께 첫 발을 떼어보자.

반 꼴찌였던 나도 해냈고, 내가 가르친 수많은 학생도 해냈다. 필요한 건 공부머리가 아니라 올바른 전략이다. 여러분이 지금 이 책을 펼쳤다는 거, 이미 그 출발선에 서 있는 것이다. 여러분에게는 이미 수학을 잘하고 싶은 마음이 있다. 그 마음 하나면 충분히 게임에 참여할 수 있다. 자, 함께 수학의 벽을 뛰어넘어보자.

이찬영(역전수학)

차례

LEVEL 1 성적은 노력만으로 오르는 게 아니다

LEVEL 2 수학이 만만해지는 공부 마인드셋

내게 맞는 수학 공부법 테스트

이 테스트는 공부를 시작하기 전에 내가 어느 지점에서 수학 공부가 막히는지 원인을 찾기 위한 진단이다.

다음 문항을 읽고 현재 자신의 모습과 가장 가까운 점수에 체크해 보자.

①점: **매우 아니다** / ②점: **아니다** / ③점: **보통이다** / ④점: **그렇다** / ⑤점: **매우 그렇다**

	문항	점수
Q1.	수학책만 펴면 가슴이 답답하고 딴짓을 하고 싶다.	① ② ③ ④ ⑤
Q2.	공식은 외웠는데, 문제에 적용하려고 하면 뭘 써야 할지 모르겠다.	① ② ③ ④ ⑤
Q3.	기본 문제는 잘 푸는데, 응용(심화) 문제만 나오면 손을 못 댄다.	① ② ③ ④ ⑤
Q4.	아는 문제인데 계산 실수나 OMR 마킹 실수로 틀린 적이 꼭 있다.	① ② ③ ④ ⑤
Q5.	"나는 원래 수학 머리가 없어"라고 자주 생각한다.	① ② ③ ④ ⑤
Q6.	시험이 끝나고 해설을 들으면 이해되는데, 막상 시험 칠 땐 생각이 안 난다.	① ② ③ ④ ⑤
Q7.	문제를 풀 때 정확한 논리보다는 '감'으로 찍어서 맞추는 경우가 많다.	① ② ③ ④ ⑤

Q8.	오답 노트를 쓰긴 하는데, 다시 펼쳐보지는 않는다.	① ② ③ ④ ⑤
Q9.	모르는 문제가 나오면 단 1분도 고민하지 않고 바로 해설지를 본다.	① ② ③ ④ ⑤
Q10.	"이건 왜 이렇게 돼?"라고 물어보면 설명 못 하고 "그냥 공식이야"라고 답한다.	① ② ③ ④ ⑤
Q11.	문제에 나온 조건(단서)을 다 쓰지 않고 풀다가 막히곤 한다.	① ② ③ ④ ⑤
Q12.	문제를 다 풀고 나면 어떤 과정으로 풀었는지 기억이 잘 안 난다.	① ② ③ ④ ⑤

다음 유형별로 해당하는 문항의 점수를 모두 더해보자.

A 유형 점수 Q1 + Q5 + Q9 = _______점

B 유형 점수 Q2 + Q6 + Q10 = _______점

C 유형 점수 Q3 + Q7 + Q11 = _______점

D 유형 점수 Q4 + Q8 + Q12 = _______점

진단 테스트 결과 분석 🖊️

제일 높은 점수가 나온 유형이 수학 공부를 할 때 여러분의 발목을 잡는 가장 큰 원인이다. 유형을 확인했다면 함께 제시된 추천 파트를 먼저 읽어도 좋다.

A 유형이 가장 높다면? → 수학 공포증형	**"수학이 무서운 게 아니라, 아직 방법을 모를 뿐이다."** 수학 실력이 부족한 게 아니라, 실패의 기억이 발목을 잡고 있다. 연필을 잡기 전에 마음의 장벽부터 허물어야 한다. 40점에서 시작해 1등급을 만들어낸 저자의 이야기부터 시작해 보자. 여러분도 할 수 있다는 확신이 생길 것이다.
	추천 처방 💊 〈LEVEL 1. 성적은 노력만으로 오르는 게 아니다〉부터 천천히 읽어보자.
B 유형이 가장 높다면? → 개념 부족형	**"설명할 수 없다면, 아는 것이 아니다."** 개념을 눈으로만 보고 다 안다고 착각하고 있다. 모래 위에 쌓은 성은 파도 한 번에 무너진다는 걸 명심하자. 지금 당장 문제 풀이를 멈추고, 백지 위에 개념을 남에게 설명하듯 써보자. 이 책의 '백지 공부법'이 당신의 구멍 난 개념을 메워줄 것이다.
	추천 처방 💊 〈LEVEL 2. 수학이 만만해지는 공부 마인드셋〉을 더 신경 써서 이해해 보자.

C 유형이 가장 높다면? → 길치형	**"문제는 푸는 게 아니라, 설계하는 것이다."** 개념은 아는데 응용이 안 된다면, 출제자의 의도를 읽지 못하고 있는 것이다. 문제는 무턱대고 덤비는 게 아니라 알고리즘을 짜서 접근해야 한다. 이 책에 담긴 '반응 노트'와 '응용 패턴 노트' 작성법을 통해, 낯선 문제 앞에서도 길을 찾는 법을 배우자.
	추천 처방 〈LEVEL 3-4. 문제를 보면 풀이가 바로 떠오르게 하라〉의 내용을 하나씩 적용해 보자.
D 유형이 가장 높다면? → 밑 빠진 독형	**"실수는 실력이 아니라고? 아니, 실수가 진짜 실력이다."** 죽어라 공부하고도 점수가 제자리라면, 피드백이 빠져 있을 확률이 높다. 푼 문제를 또 틀리는 건 밑 빠진 독에 물을 붓는 것과 같다. 여러분의 점수가 새어나가지 않는 환경을 만들어야 한다. 어떤 환경에서, 어떻게 점수를 지킬지를 배워보자.
	추천 처방 아래 두 파트를 내 것으로 만들어보자. 〈LEVEL 3-5. 실패 없는 '혼공'을 위한 환경을 만들어라〉 〈LEVEL 3-6. 학원은 질문하러 가는 곳이다〉

LEVEL

1

성적은 노력만으로

오르는 게 아니다

이번에도 꼴찌,
나는 '수학 포기자'였다

초등학교 5학년의 어느 날, 학교 선생님에게 전화가 왔다.

그날, 충격받은 엄마의 표정을 아직도 잊을 수 없다. 선생님이 전화한 사람은 우리 엄마밖에 없다는 것부터 우리 반에서 내가 가장 열등생이라는 사실은 믿기 힘들었다. 40점이라는 시험지 위의 처참한 점수를 보며 나 자신이 등급으로 분류된 고기가 된 것 같았다.

그대로 무너질 순 없었다. 내가 살던 곳은 사교육 환경이 좋은 동네는 아니었지만, 그렇다고 손 놓고 있을 수만은 없었다. 엄마와 함께 주변에 있는 학원 서너 군데를 돌아다녔다. 나 좀 도와달라는 간절한 마음으로 문을 두드렸다. 그러나 학원 선생님들은 내 점수를 듣고 안 될 것 같다는 눈빛으로 나와 엄마를 쳐다보았다. 입학 테스트를 볼 때마다 공포를 느꼈다. 그러던 중 마지막으로 간 학원에서 선생님이 이렇게 말했다.

"한번 가르쳐볼게요."

열 글자도 안 되는 말이었지만, 그 순간에는 세상에서 가장 따뜻한 말처럼 느껴졌다. 신이 나서 학원 교재를 샀고 전날에 엄마와 예습까지 했다. 그런데 학원에 간 나는 완전 외톨이 신세였다. 학원 수업은 1시간 반의 자습 시간 동안 선생님이 돌아다니며 코칭해 주는 방식으로 진행되었다. 선생님은 3번밖에 내 자리로 오지 않았고, 그때마다 칭찬은커녕 다그치기만 했다. 못 하고 싶어서 못 하는 것이 아닌데, 그러니 수학이 정말 싫어질 수밖에 없었다.

결국 집으로 돌아와 엄마에게 수학을 집에서 공부해 보고 싶다고 말했다. 어렵게 간 학원이었기에 엄마는 반대했지만, 이런 식으로 공부하다가는 수학이 더 싫어지기만 할 것 같았다. 앞으로 어떻게 공부할지 나름의 계획을 세워 보여드리며 엄마를 설득했고, 집에서 '혼공(혼자 공부하기)'을 시작했다.

혼공을 해본 사람은 알 것이다. 처음에는 혼자서도 잘 해낼 수 있다는 마음이 가득하지만, 오래 지속되지 않는다. 당연히 나도 그랬다. 잘못된 공부법으로 당장 눈앞에 있는 시험만 벼락치기로 준비했다. 시험 전날 밤이면 엄마와 식탁에 앉아 시험 범위에 해당하는 문제를 교과서와 문제집에서 50개씩 뽑아 풀었다.

지금 돌이켜보면 정말 무식하게 공부했다. 모르는 문제를 억지로 외우고, 다음 날 시험지에 토해내듯 써냈다. 노력은 배신하지 않았다. 중간고사, 기말고사, 모든 시험에서 50점 이상을 받았다. 처음 점수가 오른 날에는 정말 기분이 좋았다. 부모님의 진심 어린 축하도 받았다.

그러나 혼자 공부하다 보니 금세 한계가 찾아왔다. 점수는 50점대에서 더 오르지 않았고, 자연스레 벽을 느끼게 되었다. 친구들은 열심히 하면 될 거라고 날 위로했지만 위로가 되지 않았다. 나보다 공부를 안 해도 90점, 100점을 맞는 친구들은 계속 앞으로 나아가는데, 나 혼자서만 제자리걸음인 것 같았다.

반에서 꼴찌를 했을 때도 포기하지 않았지만, 처음으로 '난 어쩌면 수학은 안 되는 사람일지도 모르겠다' '포기하는 것이 나을 수도 있겠다' '수학 안 해도 어떻게든 살겠지'라는 생각이 들었다. 점점 벼락치기는 무슨, 모든 공부에 흥미가 떨어졌다. 수학을 한번 포기하자 나머지 과목 공부에도 의욕이 생기질 않았다.

그 대신 축구나 스키점프 같은 멋있는 스포츠에 빠졌다. 주말만 되면 축구장에 가서 축구를 배웠고, 쉴 때는 스키점프 영상을 돌려봤다. 그 어린 나이에도 수학이 중요하다는 건 알았기에 벌써 포기하면 안 된다고 생각했지만, 스포츠 세상은 그런 걸 따지기엔 너무 재미있었다. 그런 나를 부모님은 매일 밤 걱정 어린 눈으로 바라봤지만, 그런 부모님의 모습을 보면서도 수학으로부터 도망쳤다.

🎓 수포자에서 벗어나기 위한 마지막 기회

그렇게 수학을 놓은 채 방황하는 날 보던 엄마가 한 가지 제안을 하셨다.

"찬영아, 우리 집 바로 앞에 있는 학원에 가보는 건 어떨까? 여기도 별로면 다시는 학원 다니라고 안 할게.”

그 학원은 친구들 사이에서 선생님들이 엄청 무섭기로 소문난 곳이었다. 예전에 다녔던 학원에서 계속 혼난 기억이 떠올랐지만, 우선 한 달만 다녀보고 별로면 안 다녀도 된다는 엄마의 말에 한번 가보기로 결심했다.

다음 날 집 앞에 있던 학원에 벌벌 떨면서 들어갔다. 시간에 쫓기듯이 입학 테스트를 보고 간단한 상담을 했다. 그로부터 얼마 지나지 않아 학원 선생님에게 전화가 왔다.

“어머니 안녕하세요. 저희는 영어, 수학을 다 가르치는 학원이에요. 찬영이가 영어는 상위권인데 수학은 최하위권이라서 반을 어디에 넣을지 애매하네요. 수학을 열심히 해본다고 하면 상위권 반에 넣어볼까요? 아니면 하위권 반에서 천천히 시작해 볼까요?”

나는 한 달 동안 상위권 반에서 도전해 볼지 아니면 현재 수준에 맞춰 공부할지 결정해야 했다. 엄마는 내가 어떤 결정을 하든 응원할 거라고 용기를 불어넣어 줬고, 나는 고민 끝에 상위권 반에서 공부해 보기로 했다. 밑져야 본전이라는 마음으로, 한 달이라는 시간 동안 공부 잘하는 친구들은 어떻게 공부하는지 옆에서 보고 싶었다.

첫날 학원 분위기는 살벌했다. 복도 벽에는 ‘서울대 합격 243명’ ‘연세대 합격 189명’이라는 문구와 함께 20년 치 선배들의 사진이 빼곡했다. ‘나도 저렇게 될 수 있을까?’ 생각하던 마음은 첫 수업에서 박살이 났다. 상위권 반에서는 경시대회 문제를 풀어야 했다. 1시간 동안 10문제 중 한 문제만 붙잡았다. 그것도 틀렸다. 다른 친구들은 4~5개씩 맞히고 아쉬워했다. 짝꿍이 채점해 주는 시스템이었는데,

내 시험지에는 채점할 게 없었다. 괜히 미안했다.

남은 한 달을 어떻게 버틸지 막막했다. 그런데 숙제를 안 하면 혼난다는 선생님의 말씀이 기억나 더 주눅이 들었다. 한 문제도 못 푼 문제집을 꺼내 식탁에 앉았다. 5분, 10분을 봐도 도저히 문제를 풀 수가 없었다. 부모님에게 SOS를 보냈지만, 두 분도 문제를 보더니 어렵다며 도와주길 포기하셨다. 내일 엄청나게 혼나겠다는 초조한 마음으로 잠에 들었다.

🎓 수학 천재에게 들은 '공부의 핵심'

다음 날 아침, 학교에 가서 수학을 제일 잘하는 친구에게 도움을 요청했다.

"민수야, 나 이거 못 풀면 학원 가서 엄청 혼나. 이거 좀 풀어줘. 내가 과자 사줄게."

내 말에 민수는 의외의 말로 답했다.

"찬영아, 풀어줄 수는 있는데 네가 이 문제를 이해해야 나중에 또 풀 수 있잖아. 차라리 내가 힌트만 주면 어떨까? 과자는 안 받아도 되니까 그 정도는 도와줄게."

그러고는 10문제를 풀 수 있는 핵심 힌트만 써줬다.

처음에는 문제를 대신 풀어주기 귀찮아서 그런 것 같아 속상했지만, 반에서 제일 수학을 잘하는 친구의 말이니까 한번 속는 셈 치고 들어보기로 했다. 30분 동안 힌트를 보며 고민하던 중, 갑자기 한 문제가 풀렸다. 민수의 힌트가 답을 거의 다 알려주긴 했다. 그러나 절망적이던 어제와는 다르게 알 수 없는 자신감이 피어올랐다.

돌이켜 생각해 보면 그때가 내 수학 인생의 시작점이었다.

10문제 중 고작 한 문제였지만, 답지를 안 보고 혼자서 제대로 푼 첫 문제였기에 감격스러웠다. 친구들한테 자랑하고 싶었다. 물론, 그날은 한 문제만 풀어왔다고 학원에서 아주 혼이 났지만 말이다. 그때 이후로 계속 힌트를 찾으러 다녔다. 학원 선생님께는 물론, 부모님께도 답을 알려주지 않고 나에게 힌트만 달라고 요구했다. 처음에는 학원에서 내주는 10문제 오답 풀이 숙제 중 2~3문제만 풀이가 가능했다. 그러던 중 신기한 일이 일어났다.

그 당시 학원에서는 선생님이 지목한 학생이 직접 칠판 앞에 가서 해설하는 방식으로 수업을 시작했다. 저번 수업 때 틀린 문제를 스스로 고민해 보고, 반 친구들 앞에서 설명하는 것이다. 실력 향상에는 정말 좋은 방법이었지만, 학생들은 오답 풀이에 오랜 시간을 써야 해서 힘들어했다. 문제 풀이를 처음부터 시작하지 못하는 친구들도 있었다(물론 나도 포함이다). 그래서 우리는 수업 때마다 "나만 안 걸리길!" 하면서 빌었다. 그러던 어느 날 내가 걸린 것이다.

앞에 나가서 설명하는 일이 너무 긴장되었지만, 칠판에 적은 나의 풀이들을 설명하는 것이 하나도 어렵지 않았다. 스스로 고민한 시간 덕분이었다. 설명이 끝나고 선생님의 날카로운 질문이 이어졌다. 그날은 신기하게도 쏟아지는 선생님의 질문 폭격에 대답하기 어렵지 않았다. 선생님께 혼나기는커녕 칭찬을 들었다. 그날 처음으로 자신감이 생겼다. 한 달 동안 반에서 꼴찌를 못 벗어났지만, '오? 이거 계속하면 나도 잘할 수 있겠다' 하는 생각에 학원을 더 다니기로 했다. 한 달 전의 나와는 확실히 달라졌다는 걸 느꼈다.

첫 번째, 공부한 게 머리에 남기 시작했다. 한 달 전에는 공부해도 뭐가 쌓이기는커녕, 시험이 끝나고 10분 뒤면 머릿속이 텅 비어 있었다. 이제는 신기하게도 10분 이상 고민했던 문제들은 힌트와 원리부터 내가 풀이했던 방향까지 하나도 빠짐없이 머릿속에 남아 있었다. 그러다 보니 다른 문제들에서 비슷한 냄새가 나면 바로 같은 방향을 적용해서 문제를 풀 수 있었다. 이것이 가장 중요했다. 문제를 받고 아무것도 할 수 없었던 내가 무언가를 '할 수 있는' 상황이 온 것이다.

두 번째, 고민하는 자세가 달라졌다. 혼나지 않기 위해 고민하는 대신 내 실력을 향상시킨다는 자세로 고민하기 시작했다(물론 혼나는 건 여전히 싫었다). 힌트를 가지고 10분 정도 고민해서 하나의 문제를 푸는 것은 쉽지 않은 일이었지만, 그 어려운 일을 해냈을 때의 쾌감을 배웠다. 그 쾌감은 말로 형용하기 어려운 자신감을 주었다.

지금 돌아보니, 그 시기의 나를 움직인 건 '더 잘하고 싶다는 마음' 딱 하나였다. 그래서 이 책을 지푸라기 삼아 집어 들었을 친구들에게 이것만큼은 확실하게 말해주고 싶다. 하위권에서 중위권으로 올라가기 위해 꼭 뛰어난 두뇌가 필요한 건 아니다. 정말 중요한 건 '수학을 잘하고 싶다'는 마음이다. 그 마음이 생기면 문제를 피하지 않고 붙잡게 된다. 10분이라도 더 고민하게 된다. 그러다 보면 어느 순간, 실력은 생각보다 조용히 그러나 분명하게 올라가 있다.

노베이스가 상위권으로 올라가는
절대 공식

마음가짐은 달라졌지만, 여전히 학원을 다니는 일은 쉽지 않았다. 아무리 한 달 동안 열심히 해도, 상위권 반에서 꼴찌라는 사실은 변하지 않았기 때문이다. 공부를 했는데, 결과는 그대로였다. 지치는 게 당연했다. 그때 한 친구가 무심코 던진 말이 내 마음에 불을 붙였다.

"찬영아, 근데 넌 왜 상위권 반이야? 수학은 하위권 반 가야 할 것 같은데…"

친구의 악의 없는 말에 깊은 타격을 받았다. 수학만 극복하면 이런 말을 들을 일도 없을 텐데, 억울한 마음이 들었다. 그 말을 기점으로 어떻게 수학을 잘할 수 있을지 주변에 물어보고 다녔다. 돌아오는 대답은 늘 비슷했다.

"숙제 잘 하고, 오답 잘 체크해라" "수업 시간에 집중하고, 질문 잘 해라".

누구나 다 알고 있는 뻔한 이야기 말고, 다른 방법은 없는지 궁금했다. 그때 떠오른 사람이 우리 학원에서 가장 수학을 잘하고, 또래 친구보다 어른스럽던 민수였다.

"민수야, 너처럼 수학 잘하려면 어떻게 해야 해?"라는 내 질문에 민수는 잠깐 고민하더니 이렇게 말했다.

"나도 어디서 들은 말인데… 무언가를 잘하려면, 잘하는 사람을 많이 보면 된대."

처음엔 그 말이 잘 이해되지 않았다. '보라니? 그냥 쳐다보기만 하라는 건가? 눈을 흘기면서 보라는 건가?' 궁금증이 시원하게 해소되진 않았지만, 이번에도 민수 말을 믿어보기로 했다.

고수들의 공통점은 '바로' 풀지 않는 것

그때부터 학원의 상위권 반 1등부터 4등을 차지한 친구들이 어떻게 수업을 듣고 문제를 푸는지를 지켜봤다. 그 친구들의 수업 태도는 정말 엉망이었다. 친구들과 떠드는 건 기본이고, 선생님에게 짓궂은 장난도 쳤다. 나보다 좋지 않은 수업 태도를 가진 친구들을 볼 때면 열등감이 생기기도 했다. 그러나 그 친구들의 진짜 실력은 문제를 어떻게 푸는지에서 드러났다.

시험을 볼 때, 보통은 시험지를 받자마자 손이 바쁘게 움직인다. 그런데 이 친구들은 먼저 문제를 뚫어져라 쳐다보았다. 예를 들어, 문제를 주면 바로 풀이식을 쓰는 대신, 문제 상황을 허공에 상상해 보거나 그림을 그리면서 파악하고 있었다.

다음 시험 때 똑같이 따라 해보았다. 머리를 계속 굴려봐도 처음에는 문제가 잘 풀리지 않았다. 그런데 시간이 지나자 문제를 풀 실마리가 잡히는 듯한 순간이 생기고, 몇몇 문제는 술술 풀리기도 했다. 그날 본 시험에서는 하위권이긴 해도 처음으로 꼴찌에서 벗어났다. 그간 가지고 있던 부정적인 생각에 균열이 가기 시작했다. 변할 수 없다고 생각했던 나 자신이 점점 변해가고 있었다. 나는 나를 믿게 되었다.

그렇게 한 달 동안 상위권 친구들을 따라 하면서 열심히 수업 진도를 따라갔다. 학원에 들어온 지 두 달이 됐을 때는 상위권 반에서 꼴찌를 벗어났다. 누군가는 꼴찌 바로 앞자리로 간 게 그렇게 큰일이냐고 하겠지만 수학을 포기할 마음이었던 내가 여기까지 온 것은 기적이었다. 내 성적은 여전히 하위권이었지만 친구들은 열심히 하는 나를 더 이상 무시하지 않았다. 이후로 학원의 같은 반 친구들과도 많이 친해졌다.

그러면 학교 성적은 어떻게 변했을까? 우선 선생님이 특별 관리하는 대상에서 벗어났다. 그리고 학원 상위권 반에서 변동이 있는 만큼, 학교 성적도 오르기 시작했다. 학원 다니던 첫 달에는 50~60점대로 시험 성적이 오르더니, 다음 달에는 70점대 이상으로 단숨에 치고 올라갔다. 올라가는 성적을 보는 재미, 주변 사람의 칭찬은 부족한 자신감을 채워주었다. 자연스레 이제는 남의 공부법을 따라 하는 것을 넘어 나만의 공부법을 고민하게 되었다.

시간 확보가 공부의 시작이다

그 시점의 나는 어려운 10문제 중 두세 문제는 풀 수 있었고, 나머지 문제의 힌트는 학원 선생님에게 물어보았다. 그리고 집에 가면 힌트와 함께 어떻게 풀지를 고민했다. 꼴찌에서 벗어나던 시기의 수학 공부법을 요약하자면 다음과 같다.

1) 학원에서 주어진 문제를 풀 수 있는 만큼 최대한 푼다.
2) 못 풀고 남은 문제는 학원 선생님에게 힌트를 받는다.
3) 집에서 힌트와 함께 오래 고민한다. (절대 해설지를 보지 말 것!)

중요한 점은 절대 해설지를 먼저 보지 않는 것이다. 이 방법은 장단점이 아주 극명했다. 처음에는 시간이 오래 걸리지만, 결국 스스로의 힘으로 풀어냈을 때 성취감이 매우 컸다. 그리고 푸는 법을 한번 깨달은 문제는 다시 막힐 일이 없었다. 다만 시간이 오래 걸린다는 것이 크나큰 단점이었다. 다른 과목 공부에는 거의 손을 놓을 수밖에 없었다. 그런 나를 보며 학교 친구들은 "너무 수학 공부만 하는 거 아니야?"라며 걱정하기도 했다.

고민 끝에 선생님들에게 조언을 구했다. 두 가지 답을 얻을 수 있었다.

학원 수학 선생님은 수학을 미리 해놔야 나중에 다른 과목 공부가 수월하다며, 무조건 수학 먼저 해야 한다고 했다. 반면 학교 선생님은 과목별로 균형을 맞춰 공부해야 한다고 했다. 상반된 답변에 고민이 깊어진 찰나, 이번에도 민수가 큰 도움을 주었다.

민수는 우선 공부 시간을 '확보'하는 일부터 시작해 보라고 했다. 한 문제를 깊이 고민하는 것이 내 공부법의 핵심인데, 그 고민하는 시간이 너무 길다 보니 문제가 생긴다는 것이었다.

민수는 내가 공부할 때 풀기 어려운 문제를 10분 고민하는 것과 20분 고민하는 것의 차이를 물었다. 곰곰이 생각해 보니 10분이 넘어가면 집중력이 떨어져서 문제가 거의 안 풀린다는 걸 깨달았다. 그런 날 보던 민수는 이제 작은 타이머를 사서 문제당 딱 10분씩만 고민하고 다음 문제로 넘어가 보라고 조언해 주었다.

민수가 말한 대로 하니 원래는 3~4시간이 걸리던 수학 공부 시간을 2시간으로 줄일 수 있었다. 고민이 해결된 나는 민수에게 떡볶이를 사주고 집에 와서는 문제당 고민하는 시간을 10분 이내로 정했다. 못 푸는 건 과감히 넘겼다. 거의 다 푼 것 같은 문제에서 손을 떼기가 쉽지 않았지만, 그래도 시간을 정해두고 공부하니 다른 과목을 공부할 시간이 생겼다.

잘 푼 수학 한 문제가 만든 기적

수학 공부를 하며 생긴 끈기와 자신감은 다른 과목 공부에도 긍정적인 영향을 미쳤다. 내 발목을 잡던 수학 점수가 어느 정도 안정권에 접어드니 공부 자체에 재미가 붙기 시작했고, 자연스레 모든 과목의 성적이 올라갔다. 이제는 공부를 더 잘하고 싶다는 욕심이 들었다. 특히 수학이 그랬다. 수학만 좀 더 확실하게 잘하면 가고 싶은 대학으로 향하는 길이 더 잘 보일 것 같았다.

그렇게 매일 고강도의 숙제와 시험을 반복하던 어느 날, 처음으로 학교 시험에서 90점을 받았다. 이제는 수학 공부를 하면 공부한 내용이 휘발되지 않고 머릿속에 차곡차곡 쌓이는 게 느껴졌다. 그것이 점수 향상으로 이어지고, 한번 오른 점수는 쉽게 떨어지지 않았다. 그런데도 100점을 받는 일은 쉽지 않았다.

난 다시 상위권 친구들에게 눈을 돌렸다. 이번에는 친구들을 관찰하는 대신 직접 물어보았다. "이 문제를 어떻게 풀었어?" "왜 그렇게 풀었어?" "왜 넌 처음에 바로 안 풀고 고민해?" 같은 질문들을 마구 쏟아냈다.

처음에는 친구들이 나를 이상하게 보는 듯했지만, 정말 궁금한 눈빛으로 진심을 담아 물어보니 모두 답을 해줬다. 문제를 왜 바로 풀면 안 되는지, 어떻게 푸는 건지에 대해서 한 번도 생각지 못했던 새로운 시각을 얻었다. 그전까지는 그저 오래 문제를 보고 있으면 좋은 방법이 떠오를 거라 생각했는데, 다른 친구는 그 시간에 문제를 보자마자 어떻게 풀지 머릿속으로 설계해 보고 있었다. 이때 난 상위권 친구들을 제대로 따라 하려면 '의도'까지 따라 해야 한다는 걸 배웠다.

그렇게 따라 하다 보니 상위권 친구들과 거리가 좁혀지기 시작했다. 학교 시험에서 100점을 맞기가 전보다 수월해졌다. 10번 중 1번 받던 만점을 점점 2번, 3번 받게 되었다. 그로부터 두 달 뒤에는 거의 절반의 확률로 만점을 받았다. 돌이켜 보면 그때 학교 시험이 상대적으로 쉬웠던 것도 있다. 그래도 나에겐 엄청 두껍게 느껴졌던 벽을 내 손으로 직접 깼다는 느낌을 주었고, 그 덕에 자신감이 하늘 위로 상승했다.

그렇다고 해서 공부 자체가 재밌냐고 물으면 그건 아니었다. 나도 다른 친구들처럼 노는 게 제일 좋았다. 하지만 성적이 오르고 등수가 오를 때의 쾌감이 더 컸다. 놀면서 얻는 행복과는 차원이 달랐다. 특히 자존감에 큰 영향을 주었다. 수학을 못 하는 나는 스스로 자랑스럽지 않았다. 반면 상위권 반에서 꼴찌로 시작해서 서너 달 후 중위권으로 진입한 내 모습은 너무 자랑스러웠다. 게다가 주변 어른들의 칭찬은 날 더 열심히 하게 만들었다. 그때 처음으로 내 분수도 모르는 목표를 세우고 싶어졌다. 1등을 하고 싶다고 생각했다.

🎓 1등을 만든 나머지 공부

학원 전체 1등, 그 친구는 참으로 천재에 가까운 모습이었다. 물론 우리 학원은 월별로 순위를 갱신하기에 가끔 1등이 바뀌기도 했지만, 거의 1년 중의 열 달은 그 친구가 독차지했다. 학원에 온 첫날, 그 친구의 풀이를 보면서 대단하다는 생각과 함께 열등감을 느꼈다. 난 평생 공부해도 저 친구를 못 이기겠다는 생각이 들었다. 그랬던 내가 그 친구를 이겨보겠다는 마음이 든 것이다.

남몰래 목표를 세우고, 어떻게 하면 이룰 수 있을지 고민했다. 일단 학교 수학 시험에서 확실하게 100점을 맞아봐야 알 것 같았다. 그래서 다음 시험 때는 평소와 다른 마음가짐으로 준비했다. 평소보다 2배는 많은 문제를 풀었고, 내가 틀린 부분은 생각하고 다시 풀기를 반복했다. 그래서 과연 100점을 맞았을까? 아쉽게도 한 문제를 실수로 틀려서 97점을 맞았다. 대신 그 일을 계기로 실수만 하지 않으면 이제 학교 수학이 내 발목을 잡을 일은 없겠다고 생각했다.

다시 학원 1등이라는 목표로 돌아와서, 중위권에서 탈출할 계획부터 세웠다. 아무리 내가 고민하고, 상위권의 습관을 모방해도 그들을 이기기 어려웠다. 왜냐하면 최상위권 친구들은 나보다 어릴 때부터 꾸준하게 공부해 왔기 때문이다. 그래서 학원 수학 선생님에게 어떻게 해야 지금보다 더 잘할 수 있는지 다시 조언을 구했다. 답은 누구나 알고 있는 뻔한 것이었다. '양'이 중요하다고 하셨다. 괴롭지만 내 목표를 달성하려면 더 많은 문제를 풀어야 했다.

그 이후로 학원에서 나머지 공부를 30분만 하자는 작은 목표를 세웠다. 수업이 끝나면 너무나 집에 가고 싶었지만, 그때 말고는 공부할 시간이 없었다. 내가 살던 집은 학원 바로 앞이었기 때문에, 다른 친구들보다 집 가는 시간을 30분은 아낄 수 있었다. 이 시간을 이용하기로 했다.

이 시간에 숙제를 끝내거나, 추가 문제를 요청해서 풀었다. 이렇게 한 달에 15시간 정도 친구들보다 더 공부했다. 깜깜해진 밤에 집에 돌아갈 때면, 이 방법이 맞는지에 대해 의문도 들었지만, 의문이 해소되기까지는 그렇게 긴 시간이 걸리지 않았다. 나머지 공부를 시작하고 거의 반년이 지났을 때였다. 학원 시험에서 나는 그간 상위권 친구들에게 배운 것들을 무의식적으로 하고 있었다.

1) 문제를 풀 때 손이 먼저 나가지 않았다.

2) 먼저 고민하고, 문제를 하나씩 뜯어보았다.

3) 고민할 게 없으면 개념을 다시 돌아보았다.

4) 시간이 너무 지났다 싶을 때는 다음 문제로 넘어갔다.

그날의 시험에서는 이 네 가지가 자연스럽게 되면서 문제가 술술 풀렸다. 풀면서 '아, 이번 시험에서는 1등을 할 것 같다'라는 99퍼센트의 확신이 들었다.

그날 학원에서 처음으로 전체 1등을 하게 되었다. 1등을 한 날짜를 세어보니 학원에 들어간 뒤로 거의 1년이라는 시간이 지나 있었다. 수학을 포기할지 말지 고민하던 내가 이렇게까지 바뀌었다는 게 믿기지 않았다. 채점한 시험지를 받자마자 1년간의 시간이 눈앞을 지나가며 그 순간 내가 정말로 해냈다는 사실에 짜릿함이 밀려왔다.

그날 가족들과 함께 축하 파티를 열었다. 부모님은 내가 1등을 했다는 소식을 들으시고 밝은 미소로 축하해 주셨다. 매일 내가 30분씩 나머지 공부를 할 때는 너무 힘들지 않을까 걱정해 주셨다. 걱정뿐 아니라 내 열정이 꺼지지 않게 항상 신경 쓰며 칭찬해 주셨다. 그날 밤은 서로에게 칭찬과 감사의 말을 전하며 어느 때보다 따뜻한 밤을 보냈다.

수학 1등급은 재능이 아니라 설계의 결과다

그 이후로 고등학교를 졸업할 때까지 수학이 내 앞길을 막은 적은 없었다. 물론, 새로운 개념을 공부할 때는 항상 힘이 들었다. 초등학교 때는 40점대에서 조금씩 성적을 올리는 기쁨을 누릴 수 있었는데, 상위권이 된 이후로는 점수가 떨어지지 않기 위해 노력해야 했다. 특히 중학교 수학은 초등 수학과 달리 이차함수나 방정식 같은 새롭고 어려운 개념이 계속 등장했다. 학원에서 처음 개념을 배우고 보는 시험에서는 항상 하위권이었다. 그러나 앞서 보여줬던 루틴 안에서 '힌트받고-고민하고'를 반복하면 일주일 안에 어떤 개념이든 첫발을 뗄 수 있었다.

고등학교 첫 모의고사에서는 전교 1등을 했다. 다른 지역의 고등학교로 진학하여 만난 친구들은 나를 '수특러(수학 특기자)'라고 불러주었다. 내가 힘들게 '힌트받고-고민하고'를 반복했던 시간은 아무도 몰랐다. 수학 꼴찌였던 내 과거를 이야기해도 "에이, 겸손 떨기는" 라며, 대체로 이런 반응이었다. 솔직히 속상하고 억울했다. 내가 오랫동안 정성 들여 쌓아 올린 성을 보고 "그 성은 원래 거기 있었다"라고 말하는 걸 듣는 기분이었다.

친구들이 인정해 줘서 좋았던 점도 있다. 친구들은 수학 문제를 물어보고 싶으면 내게 왔다. 귀찮을 수도 있는 일이었지만, 나를 인정해 주는 것 같아 기분이 좋았다. 내 설명이 학교 선생님이나 학원 선생님보다 이해가 잘 간다며 자주 찾아주는 '단골' 친구들도 생겼다.

어느 날 한 친구가 "0은 홀수일까, 짝수일까?" 하고 물어봤다. 어떤 선생님에게 물어봤는데, "그 쉬운 것도 모르냐?"라는 말을 들었다고 한다. 이때 원리를 설명하기보다는 비유를 들어주는 게 낫겠다고 생각했다. 그래서 흔히 알고 있는 짝수인 2, 4, 6, 8의 공통점을 먼저 물어봤다. 친구는 2에 '자연수'가 곱해진 것이라고 답했다. 나는 자연수가 아닌 정수여도 짝수로 성립하지 않을까, 라고 되물었다. 그러면 0은 2에 정수인 0이 곱해졌으니 짝수라고 설명해 줬다. "아! 이해됐어. 고마워!"라며 신기해하는 모습에 가르치는 일도 참 보람차다고 느꼈다.

그 일 이후 인터넷 강의를 만드는 동아리에 들어가서 수학 강의를 찍었다. 시험 범위에 맞춰 친구들에게 필요한 강의를 제작했다. 처음치고는 많은 긍정적인 반응을 얻었다. 평소에도 집에서 화이트보드를 두고 강의하는 식으로 공부를 했었기에, 강의하는 일이 크게 두렵지 않았다. 물론, 업로드 직전에는 1시간 내내 고민했다. 고작 5명이 넘는 사람들 앞에 서는 일이었지만, 긴장이 되었다.

그렇게 수학 문제를 푸는 일이 특기가 되고, 알려주는 일에도 흥미를 느끼게 되었을 때, 수학과 진학을 꿈꾸게 되었다. 그 꿈을 가지고 수학과에 진학했는데, 현실은 쉽지 않았다.

우선, 대학교에서 배우는 수학은 나와 전혀 맞지 않았다. 동기들에게도 이런 말을 많이 들었다. 수학을 잘해서 온 건데, 내가 잘하던 수학과는 다른 걸 배운다고 말이다. 코로나 19 사태로 첫 학기에 비대면 수업을 한 것도 의지 하락에 큰 영향을 미쳤다. 결국 2학기는 휴학 후 도망치듯 군대에 갔다.

수학을 피해 군대에 갔지만, 거기서도 수학과의 인연은 계속되었다. 수학 과외를 하고 단골 학생도 생겼다. 군대에서 만난 3명 정도가 수능 준비, 자신의 대학 공부 등의 이유로 나에게 수학 문제들을 물어봤다. 간단한 수학 문제들로 시작된 질문은 공부 방향성 그리고 자세한 공부법으로까지 확장되었다. 하루는 밤 9시에 한 선임이 나에게 질문했다.

"찬영아, 이 문제는 어떻게 푸는 거야?"

그렇게 시작된 질문은 자정까지 이어졌다. 그날은 정말 피곤한 날이었지만, 이상하게 기분이 좋았다. 다들 나와 대화하기 전에는 내가 그냥 공부를 잘하는 천재인 줄 알았는데, 수포자의 마음을 잘 공감해 준다며 고마움을 표현했다.

이후로는 학원 아르바이트로 시작해 수학 과외 그리고 학원 수학 강사 일을 했다. 이 시간 동안 수백 명의 수포자를 만나며 그들을 위한 수학 교육에 더욱 진심이 되었다. 결국 큰 결심을 했다. '내가 하고 싶은 건, 어려운 수학 이론을 파고드는 게 아니라 수학 때문에 힘들어하는 과거의 나를 도와주는 거구나.' 그렇게 몇 년간의 꿈이었던 수학과 학생이라는 이름표를 스스로 뗴었다. 지금은 여러 수포자를 만나고 도와주며 그들을 위한 인생을 살고 있다.

노력은 재능을 이길 수 없을까?

수포자라며 나를 찾아오는 친구들이 가장 많이 하는 질문 중 하나는 "노력하면 재능(공부머리)을 이길 수 있나요?"이다. 과거에는 공부머리 있는 학생이 공부에 훨씬 유리하지만, 그걸 노력으로 극복할 수 있다고 믿었다. 지금은 생각이 달라졌다. 노력과 재능 둘 다 중요하지만, 이 두 가지보다 더 중요한 것이 있다.

단언컨대 재능은 극복할 수 있다. 단적으로 나만 봐도 그렇다. 나는 내가 남들보다 재능이 뛰어나서 수학을 잘했던 건 아니라고 생각한다. 고등학교 시절의 친구들과 나를 비교해 보면, 나보다 아이큐나 선행 학습 분량에서 앞서가는 친구는 많았다. 그런데 앞서 이야기했듯이 고등학교 때 수학 성적에서는 내게 대적할 사람이 없었다.

그러면 아이큐가 높은 친구들은 수학을 어떻게 공부해야 할지 나에게 안 물어봤을까? 적어도 열 명 이상의 친구들이 나에게 물어봤다. 그러나 그 친구들은 '자기가 못할 수밖에 없는 이유'를 찾으려 했다. 심리적으로 자신을 방어하려고 한 것이다.

예를 들면, 내가 "이 문제는 10분은 고민하고, 모르겠으면 힌트만 받고 다시 고민해야 한다"라고 하면 이런 식의 답변이 돌아왔다.

"넌 다른 과목도 잘하니까 시간이 남아도나 보네. 난 시간이 없어서…."

공부머리는 수학 공부에 있어서 중요하다. 그러나 이런 말을 듣자 공부머리보다 더 중요한 것이 있다고 처음으로 느끼게 되었다.

지금까지 1,000명 이상의 학생에게 나만의 수학 공부법을 전수했다. 유튜브 영상을 보고 카톡으로 개인 상담을 신청한 학생 942명, 학원 강사일 때 만났던 63명, 개인 과외를 통해 만났던 53명. 이들을 두 분류로 나눠보자면 이렇다. 성적이 잘 나와서 계속 연락을 주는 친구와 갑자기 연락이 두절되는 친구. 그중 계속 연락을 주고받는 한 친구의 이야기를 들려주고 싶다.

나는 이 친구가 고등학교 2학년일 때 처음 만났다. 고백하기를, 그간 공부를 하긴 했지만 제대로 해본 적이 없다고, 특히 수학은 어디부터 시작해야 할지 모르겠다고 했다. 레벨 테스트를 해보니, 중학교 1학년 수준의 수학 기본 문제조차 손을 못 대고 있었다.

"이런 제가 수학을 한 문제라도 풀 수 있을까요?"

수포자를 많이 만나본 나조차도 의심이 들었다. 재능의 관점에서 보면 좋은 성적을 받을 확률이 10퍼센트도 되지 않아 보였다. 이 친구의 아이큐가 평균보다 높은 것도 아니었다. 그러나 초롱초롱한 눈에 대고 부정적으로 말하고 싶지 않았다. 오히려 가능성을 보여주고 싶었다. 올바른 방법으로 남들보다 2~3배의 시간을 들이면 생각보다 빨리 성장할 수 있다고 생각했다. 그렇게 과외가 시작되었다.

나는 뒤에서 소개할 수학 공부법을 이 친구에게 하나씩 적용해 공부시켰고, 전체적으로 사소한 습관까지 교정해 주었다. 스마트폰 사용 시간을 통제하는 방법과 플래너 작성법 등을 가르쳐줬다. 그렇게 이 친구는 한 달이라는 짧은 시간 안에 중학교 수학부터 고등학교 1학년 수준의 수학까지 공부할 수 있었다. 그러던 어느 날, 고등학생들이 보는 모의고사를 봤는데 94점을 받아왔다. 그 이후로는 그만 공부하라고 말려도 계속 스스로 남아서 공부를 하고 갔다.

여기서 하나 질문을 하고 싶다. 이 친구는 다른 친구들과 뭐가 달랐던 걸까? '공부머리'라고 할 수도 있다. 숨겨진 재능이 꽃피운 것일 수도 있다. 그런데 내가 가르친 1,000명 중 몇백 명의 학생들이 모두 숨겨진 공부머리가 있어서 이렇게 재능이 꽃피우는 건 말이 안 된다. 왜냐하면 1,000명 중에 1~2등급 정도의 높은 성적을 받을 수 있는 학생은 통계학적으로 4퍼센트, 아무리 잘 봐줘도 10퍼센트 정도이다. 그런데 내가 가르친 학생의 절반 이상이 빠른 기간 내에 성적이 올라서 상위권이 되었다.

🎓 높은 지능 대신 필요한 것은 끈기와 확신

학창 시절의 경험과 1,000명의 학생을 지켜본 결과, 성적을 올리기 위해서는 두 가지 핵심 능력치가 필요하다는 걸 깨달았다.

1) 자기 확신: 자신을 믿고 나아갈 수 있는 능력
2) 끈기: 어떤 일을 꾸준하게 할 수 있는 능력

왜 나는 흔히 사용하는 아이큐와 같은 단어를 쓰지 않고 '자기 확신'과 '끈기'라는 낯설고 추상적인 용어들을 사용했을까? 아이큐로만은 설명하기 어려운 일들이 입시에서는 굉장히 흔하게 일어나기 때문이다. 평균의 공부머리를 가진 학생들끼리 경쟁할 때는 아이큐 수치보다 자기 확신과 끈기가 3배 이상은 더 중요하게 작용한다. 그러니 현재 성적이 낮다고 해서 공부머리가 나쁘다고 단언하고 좌절할 필요는 없다.

그간 아이들을 가르치면서 많은 성과를 낼 수 있었던 이유도 두 가지의 핵심 능력치에 집중했기 때문이다. 아이들의 자기 확신과 끈기를 비교하며 꾸준히 부족한 부분을 채워주었고, 이렇게 둘의 균형을 맞추니 성적은 자연스럽게 향상했다.

자기 확신이 부족한 친구는 자신을 다른 사람과 비교할 확률이 높다. 그래서 성장에 초점을 맞춰서 이야기해 주면 스스로 동기를 찾고 열심히 한다.

"지금까지 30점에서 70점으로 성장해 왔고, 이러한 추세라면 다음 시험에서 85점도 노려볼만하다. 다른 사람을 보며 불안해할 필요가 전혀 없어."

이렇게 다른 사람이 아닌 내가 그간 이룬 성취만 생각해 보자. 그리고 오로지 다음 목표만을 보고 걸어가다 보면 꾸준하게 성적이 오르게 될 것이다.

끈기가 부족하다면 어떻게 해야 할까? 많이들 끈기를 키우려면 의지력을 올리라고 하지만 실상은 다르다. 꾸준한 동기 부여를 통해 의지력을 떨어뜨리지 않는 것이 더 중요하다. 수학 공부는 12년간 달려가야 할 초장기 레이스이고, 학생의 의지력에는 한계가 있기 때문이다. 이때 의지력을 떨어뜨리지 않기 위해서는 어떤 방법이 좋을지 여러 가지를 실험해 보았다. 벌칙이나 규칙을 만들어보기도 하고 플래너를 통해서 계획을 세워보기도 했다. 다 좋은 방법들이지만 결국 의지력을 유지시키는 가장 좋은 방법은 '게임'이었다.

공부 대신 게임을 하라는 것은 아니고 수학을 게임처럼 만들자는 것이다. 어떻게 지루한 수학을 게임처럼 만드는지 의아할 것이다. 그러나 간단한 게임 요소 두세 가지만 수학 공부에 적용해 보면 꽤 그럴듯하다. 다음 세 가지 방법은 7단계 공부법에서 다룰 내용을 간략하게 설명한 것이다. 이 방법만 적용해 봐도 끈기가 부족한 학생들은 그냥 공부하는 것보다 2배는 더 공부할 수 있다.

- 주별 목표와 일별 목표를 주별 퀘스트와 일별 퀘스트로 바꿔서 말한다.
- 모든 퀘스트에 적절한 보상(예를 들어 스마트폰 1시간, 게임 1시간)을 계획한다.
- 퀘스트가 끝나면 보상을 주어 퀘스트 → 보상을 뇌에서 하나로 인식하게 한다.

앞서 언급한 학생과 그간 내가 가르쳐온 학생들을 봤을 때 자기 확신과 끈기는 실제로 수학 성적과 깊은 관련이 있다. 이렇게 수학과 무관하게 보이는 심리적인 능력치를 보충하는 것만으로 많은 학생의 성적이 오른다.

실제로 소심하고 다른 학생들과 비교를 많이 했던 지영이에게 성장에 초점을 맞춘 피드백을 해줬더니, 타인과의 비교로 인한 불안감이 줄고 공부 시간이 2배 이상 올라갔다. 또한 몇백 명에게 무료 상담할 때 수학 문제를 풀어주지도 않았는데, 그 학생들의 성적이 오른 것은 전혀 운이 아니다. 그러니 앞으로는 평소에 자기 확신과 끈기, 두 능력치를 어떻게 내 것으로 만들 수 있을지 생각해 보자.

다음 쪽에 나의 자기 확신과 끈기를 평가하는 테스트가 있다. 이를 통해 둘 중 부족한 부분을 채우면서 균형을 맞춰보자. 진단 테스트 결과는 원하는 성적에 도달하기 위한 방향을 제대로 안내할 것이다.

스스로 생각했을 때 자기 자신이 얼마만큼의 자기 확신과 끈기를 가지고 있다고 생각하는가? 이 테스트를 통해 내가 가진 자기 확신과 끈기 정도를 확인하고, 그에 맞는 공부 방법과 목표 설정 방향을 알아보자. 테스트를 끝까지 마친 후, 점수 칸에 내가 체크한 항목의 점수를 기입한다. (부정)형 항목의 경우, 점수 계산 방법이 다르니 유의해서 계산하자.

1. 자기 확신 진단 문항

①점: **전혀 그렇지 않다** / ②점: **그렇지 않다** / ③점: **보통이다** / ④점: **그렇다** / ⑤점: **매우 그렇다**

[부정] 표시된 문제들은 체크한 점수와 반대로 점수 칸에 적는다. 예를 들어, 5점을 체크했다면 1점, 4점은 2점, 2점은 4점, 1점은 5점, 3점은 그대로 기입한다.

문항	①	②	③	④	⑤	점수
나는 처음 배우는 어려운 수학 개념이라도, 올바른 방법으로 시간을 투자하면 결국 이해할 수 있다고 믿는다.	☐	☐	☐	☐	☐	
수학 시험 점수가 낮게 나왔을 때, 나의 재능 부족보다는 공부 방법에 문제가 있는지를 먼저 점검한다.	☐	☐	☐	☐	☐	

항목					
(부정) 나보다 수학을 잘하는 친구의 풀이를 보면 '저건 천재나 하는 방식'이라며 포기한다.	☐	☐	☐	☐	☐
이전에 실패했던 유형의 문제라도, 다른 접근법을 시도하면 풀 수 있다고 생각한다.	☐	☐	☐	☐	☐
나는 수학 공부 과정에서 겪는 어려움과 좌절을 성장의 일부라고 받아들인다.	☐	☐	☐	☐	☐
(부정) 수학 문제를 풀 때, 조금만 막히면 '역시 나는 수학 머리가 없나 봐'라는 생각이 쉽게 든다.	☐	☐	☐	☐	☐
어려운 수학 개념을 이해했을 때, 그것이 운이 좋아서가 아니라 나의 노력 덕분이라고 생각한다.	☐	☐	☐	☐	☐
이 책에서 제시하는 방법들을 꾸준히 실천하면, 나의 수학 실력도 저자처럼 향상될 수 있다고 믿는다.	☐	☐	☐	☐	☐
(부정) 아무리 노력해도 넘을 수 없는 '수학의 벽'이 존재한다고 생각한다.	☐	☐	☐	☐	☐
나는 다른 사람에게 수학 개념을 내가 이해한 방식대로 설명할 수 있다.	☐	☐	☐	☐	☐
총점					

2. 끈기 진단 문항

①점: **전혀 그렇지 않다** / ②점: **그렇지 않다** / ③점: **보통이다** / ④점: **그렇다** / ⑤점: **매우 그렇다**

(부정) 표시된 문제들은 체크한 점수와 반대로 점수 칸에 적는다. 예를 들어, 5점을 체크했다면 1점, 4점은 2점, 2점은 4점, 1점은 5점, 3점은 그대로 기입한다.

문항	①	②	③	④	⑤	점수
한 번에 풀리지 않는 수학 문제가 있더라도, 최소 10분은 다른 관점에서 접근하려 노력한다.	☐	☐	☐	☐	☐	
수학 공부 계획을 세울 때, 주 단위로 풀어야 할 문제 수를 정하고 이를 지키려고 노력한다.	☐	☐	☐	☐	☐	
(부정) 수학 공부가 계획대로 되지 않으면 쉽게 스트레스를 받고 그날 공부를 포기해 버린다.	☐	☐	☐	☐	☐	
오답 노트를 작성할 때, 단순히 답지를 베끼는 것을 넘어 왜 틀렸는지 그 원인을 분석하는 데 시간을 쓴다.	☐	☐	☐	☐	☐	
공부하기 싫은 날에도, 정해진 최소한의 학습량(예: 하루 10문제)은 지키려고 한다.	☐	☐	☐	☐	☐	
(부정) 어려운 심화 문제를 마주하면, 고민하기보다는 해설지를 먼저 찾아보려는 경향이 있다.	☐	☐	☐	☐	☐	
장기적인 목표(예: 다음 시험에서 20점 올리기)를 세우고, 그 목표를 달성하기 위한 루틴을 꾸준하게 실천한다.	☐	☐	☐	☐	☐	
개념 공부를 할 때, 한 번에 이해되지 않더라도 여러 번 반복해서 읽고 내 것으로 만들려고 노력한다.	☐	☐	☐	☐	☐	

(부정) 며칠 동안 열심히 공부하다가도, 금방 지쳐서 며칠씩 공부를 놓아버리는 경우가 잦다.	☐	☐	☐	☐	☐
수학 공부는 단기적인 성과가 보이지 않더라도, 장기적으로 실력이 쌓이는 과정임을 믿고 꾸준히 지속한다.	☐	☐	☐	☐	☐
총점					

이 점수는 여러분의 머리가 좋고 나쁨을 판단하는 절대적인 수치가 아니다. 오히려 우리가 앞으로 나아갈 방향을 알려주는 나침반이라고 생각해 보자. 내 점수를 통해 현재 나의 심리 상태를 객관적으로 파악하고, 어떤 부분을 채워나가야 할지 함께 알아보면 된다.

1. 자기 확신 점수가 30점 이하인 경우

자기 확신 점수가 낮게 나왔다면, 여러분은 아마도 수학 문제 앞에서 자주 작아지는 경험을 했을 가능성이 높다. '나는 원래 수학 머리가 없어'라며 자신의 재능을 탓하거나, 나보다 잘하는 친구를 보며 쉽게 좌절하고 포기하는 마음이 들 수 있다. 그럴 수 있다. 괜찮다. 이건 여러분이 부족해서가 아니라, 과거의 실패 경험이 만든 마음의 상처 때문일 가능성이 크다.

	① 아주 작은 성공 경험 쌓기
대응법	지금 당장 어려운 심화 문제를 풀 필요는 없다. 기본 문제 하나라도 자신의 힘으로 풀어냈을 때, 그 성취감을 온전히 느껴보는 것이 중요하다. '이것도 못 풀겠어?'가 아니라 '그래도 하나는 해냈다!'라고 스스로 인정해 주자.
	② 비교 대상을 바꾸기
	다른 사람이 아닌 어제의 나 자신과 비교하자.

2. 끈기 점수가 30점 이하인 경우

끈기 점수가 낮은 친구들은 아마 공부 초반에만 불타오르다 금방 식어 버리는 자신의 모습에 실망한 적이 있을 것이다. 어려운 문제를 만나면 10분 이상 고민하기보다는 해설지를 먼저 찾아보려는 경향이 있을 수 있고, 계획을 세워도 며칠 못 가 포기하는 경우가 많을 것이다. 이것은 의지력이 약해서가 아니다. 지루한 공부를 지속하게 하는 동기 부여 시스템이 없었기 때문이다.

대응법	① 수학 공부를 게임처럼 만들기
	지루한 공부에 퀘스트와 보상이라는 게임 요소를 도입해 보자. 일일 퀘스트 수학 10문제 풀기를 완료하면 스마트폰 1시간이라는 보상을 주는 식이다. 뇌가 공부를 보상으로 인식하게 되면, 의지력을 쥐어짜지 않아도 자연스럽게 책상 앞에 앉게 될 것이다.
	② 루틴의 힘을 믿기
	매일 정해진 시간에 정해진 양을 공부하는 루틴을 만드는 것이 중요하다. 거창할 필요 없다. 예를 들어, 매일 밤 9시에 딱 5문제만 푼다고 생각하자. 아주 작게 시작해서 습관으로 만들면 된다. 습관이 되면 의지력 소모 없이도 꾸준함을 유지할 수 있다.

3. 총점이 60점 이하인 경우

자기 확신과 끈기 점수 모두 낮게 나왔다면, 단순히 공부를 안 하는 학생이 아니라 실패 경험에 발목 잡힌 상태일 가능성이 높다. 자신을 믿지 못하니(낮은 자기 확신) 쉽게 포기하게 되고(낮은 끈기), 쉽게 포기하니 '역시 나는 안돼'라는 생각이 더욱 굳어지는 악순환에 빠져 있을 수 있다. 가장 먼저 할 일은 이 악순환의 고리를 끊어내는 것이다.

대응법	① 공부 난도 과감하게 낮추기
	공부하다 좌절하는 경험을 줄일 수 있는 환경을 만들어보자. 이 단계에서는 내 실력을 증명하는 일보다 수학 공부에 대한 공포를 줄이는 것이 중요하다. 평소 풀던 문제집이 내게 너무 좌절감을 주는 것은 아닌지 돌아보자. 현 수준에 맞거나 혹은 조금 더 쉬운 난도의 문제집을 골라 성공 경험을 늘리는 일부터 시작해야 한다.
	② 포기하지 않는 경험과 작은 보상 시스템
	자기 확신과 끈기를 위한 대응법을 동시에 적용해야 한다. 많은 양의 문제를 학습하기보다는 한 문제라도 끝까지 풀어내는 경험이 필요하다. '작은 성공'을 경험하고(자기 확신 상승), 그 행동에 '작은 보상'을 즉시 제공하여 다음 행동으로 나아갈 동력을 만들자(끈기 상승). 이 작은 성공과 보상의 연결 고리가 반복될 때, 여러분은 지독했던 악순환에서 벗어나 선순환의 첫걸음을 뗄 수 있을 것이다.

이 결과 분석을 바탕으로 '자기 확신'과 '끈기'를 꾸준하게 점수로 확인하고 피드백하면 된다. 그러나 일주일만 지나면 자신의 결과를 까먹게 될 것이다. 그래서 공부법을 통해 일상에서 자연스럽게 자기 확신과 끈기를 기르며 공부할 수 있도록 고민을 거듭했다. 그리고 마침내 최강의 7단계 공부법을 만들 수 있었다.

이제 우리 책에서 등장하는 모든 방법은 자기 확신과 끈기를 끌어올리기 위한 방법이라고 보면 된다. 아직도 이 두 가지가 뻔하고 효과가 없다고 느낄 수도 있다. 하지만 단언컨대 이건 수학 성적을 올리기 위한 가장 효율적인 방법이다. 이 모든 방법을 여러분들의 선배 수백 명과 함께 실험하고 검증했으니 믿고 따라오자.

본격적으로 7단계 공부법에 들어가기 전, 전체적인 개요를 먼저 설명하고자 한다. 당장 7단계 공부법으로 달려가고 싶은 학생들도 있겠지만, 두 번째 파트는 앞으로의 공부법과 많이 연결되기 때문에 꼭 읽고 다음 장으로 넘어가자.

LEVEL

2

수학이 만만해지는

공부 마인드셋

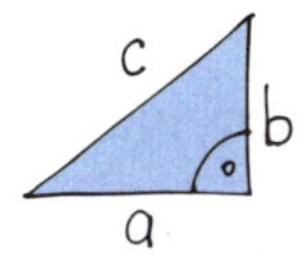

학교 시험 vs 모의고사, 완전히 다른 게임

이번 파트에서는 수학의 기본기를 잡아보려고 한다. 흔히 기본기라고 하면 쉬운 것, 그래서 금방 끝낼 수 있는 것이라고 생각한다. 그런데 실상은 정반대다. 우리가 어떤 공부든 잘하기 위해서 가장 많은 시간을 들여야 할 것은 기본기다.

애니메이션 〈귀멸의 칼날〉을 떠올려 보자. 주인공 탄지로의 동료 젠이츠는 수많은 기술 중 제일 기본이 되는 기술 하나만 끝없이 갈고닦았다. 처음에는 하나의 기술만 다룰 줄 안다고 무시당했지만, 그 하나가 누구도 넘볼 수 없는 경지에 이르렀고 결국 새로운 기술을 만들어내는 토대가 되었다. 우리는 기본기를 간과하고 특별한 스킬을 배우고 싶어 하지만, 그럴수록 기본기로 돌아가야 한다.

먼저 앞으로도 오랫동안 바뀌지 않을 시험 제도에 대해 알아보자. 학교 시험과 학교 외 시험(예를 들어, 모의고사나 수능)은 출제자부터 다르다. 학교 외 시험은 지금 당장은 낯설 수 있지만, 고등학교에 올라가면 반드시 마주하게 된다. 미리 알아두면 공부 방향을 잡는 데 도움이 될 것이다. 앞으로는 우리에게 익숙한 표현인 '모의고사'로 아울러 설명하고자 한다.

알다시피 학교 시험은 학교에 있는 선생님이 문제를 만들고, 학교 외 시험은 전국의 교수님과 선생님이 출제한다. 출제자가 다르다는 이 한 가지 특성 때문에 공부 방법이 굉장히 달라진다. 우리가 시험을 잘 보기 위해서는 출제자를 꼭 따라가야 하기 때문이다.

"수학 실력이 좋으면 누가 출제해도 좋은 점수를 받는 거 아닌가요?"

이렇게 말하는 친구들이 있겠지만, 어떤 학생은 출제자에 따라서 시험 성적이 매우 많이 바뀌기도 한다. 실제로 내가 가르쳤던 현진이는 모의고사에서는 항상 1등급을 받았지만, 학교 시험에서는 3~4등급밖에 받지 못했다. 학교가 내신 1등급 경쟁이 치열한 곳도 아니었다. 같은 수학 시험인데 도대체 왜 그랬던 걸까? 그건 바로 출제자가 달라서 그렇다. 그러면 출제자에 따라서 어떻게 시험이 달라지는지, 어떻게 시험을 대비해야 하는지 차근차근 이야기해 보겠다.

출제자가 우리 학교 수학 선생님이라면

학교 수학 선생님은 어떤 교재를 중심으로 수업을 준비하고 자료를 만들까? 대부분 눈치챘겠지만 바로 '수학 교과서'다. 교과서가 항상 모든 공부의 시작이라고 할 수 있다. 그다음이 개념서, 문제집이다. 교과서를 기본으로 수업이 진행되다 보니 모든 시험 문제가 교과서를 바탕으로 출제된다. 그런데 우리가 알다시피 시험 문제는 교과서 속 문제와 절대 똑같이 출제되지 않는다. 교과서 문제에서 변형되어서 나온다. 물론 문제집에 있는 문제를 변형하기도 한다. 변형 방식은 크게 세 가지로 정리할 수 있다.

1) 숫자 바꾸기: 간단하게 숫자만 바꾼다.
2) 그래프 바꾸기: 그래프 모양이나 위치를 바꾼다.
3) 도형 바꾸기: 원리는 유지하되 사각형, 삼각형 등 도형의 각이나 길이 심지어 모양을 변형한다.

중학교 2학년 교과서에 나오는 문제와 변형 문제를 비교해 보자.

[문제 1]

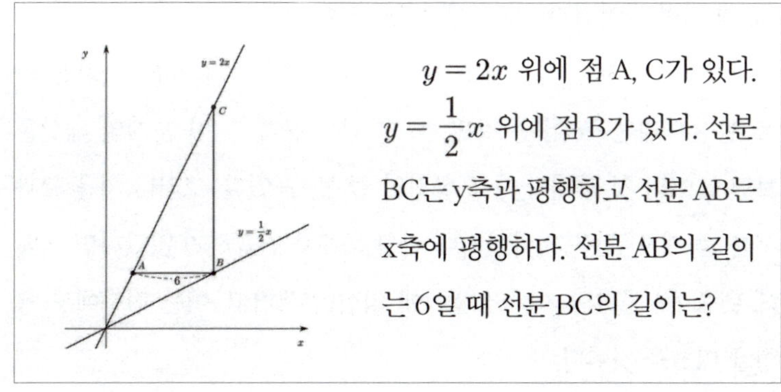

(출처: 교과서 변형 문제)

[문제 2]

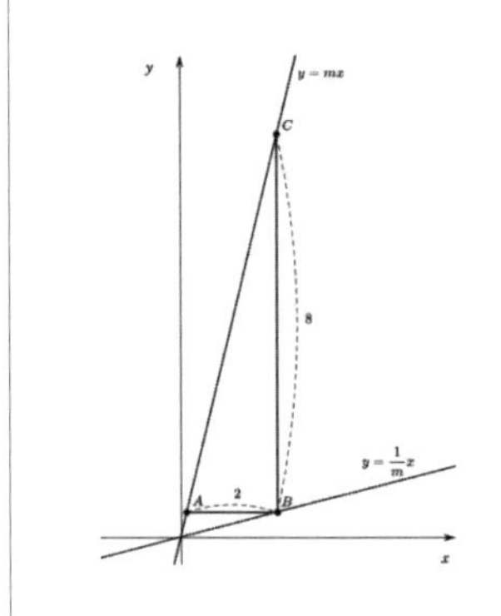

$y = mx$ 위에 점 A, C가 있다. $y = \dfrac{1}{m}x$ 위에 점 B가 있다. 선분 BC는 y축과 평행하고 선분 AB는 x축에 평행하다. 선분 AB의 길이는 2이고 선분 BC의 길이는 8일 때 m은?

(출처: A 학교 시험 변형 문제)

[문제 1]은 교과서에 있던 기본 스타일의 문제다. 다양한 변형 방식을 통해 시험에는 [문제 2]로 등장했다. 구체적으로 이야기하자면 1) 교과서 문제에 있는 숫자가 바뀌었으며 2) 그래프를 표현하는 방식을 바꿨다. 대부분의 학생은 시험 문제를 풀면서 '어? 이거 봤던 건데. 왜 이렇게 어렵지?'라고 생각했을 것이다.

사실 이 문제는 복잡해 보이지만 뜯어보면 풀기 어렵지 않다. '좌표 설정'이라는 '코어'만 알면 풀 수 있는 문제다. 이 문제의 해설을 보면 풀이의 첫 단계가 좌표 설정인 걸 볼 수 있다. 그러나 처음 교과서를 풀 때 이 점을 지나쳤거나 변형 문제를 연습하지 않았다면 어떻게 됐을까? 풀면서 자신의 풀이에 의심이 생기고, 이는 점수에도 영향을 미쳤을 것이다.

그러면 우리는 이런 변형 문제에 어떻게 대비해야 할까? 변형되어도 바뀌지 않는 문제의 코어를 파악해야 한다. 문제를 풀이할 때 코어를 잘 파악하는 친구들은 앞서 언급한 세 가지 방식으로 변형해도 틀리지 않고 문제를 푼다. 그럼 도대체 어떻게 코어를 공부해야 할까? 아무리 문제를 풀어도 코어가 안 보인다고 느끼는 친구들은 다음 알려주는 방법대로 코어를 발견하는 법을 익혀보자.

1. 기출문제를 100개 이상 풀어라

앞에서 본 일차함수 문제를 1년 후 어느 후배가 공부한다고 생각해 보자. 그 후배는 작년 기출문제를 이미 학습한 상태다. 그래서 그 문제를 만났을 때 '아, 교과서에 나온 문제가 이렇게 좌표 설정으로 응용되어서 나오네'라고 생각했을 것이다.

여러분을 위해 이미 준비된 가장 좋은 변형 문제는 기출문제다. 간혹 기출문제를 안 풀고 시험장에 들어가는 친구들이 있다. 아껴놓다가 시험 직전에 풀고 싶은 마음은 이해한다. 하지만 공부하다 보면 시간이 부족해 결국 못 풀고 들어가게 되는 경우가 많다. 그러니 아껴두지 말고 어느 정도 교과서를 풀었다면 바로 학교 기출문제를 풀어보자.

학교 선생님이 어떤 문제를 낼지 궁금하다면, 선생님이 지금까지 출제했던 기출문제들을 살펴보면 된다. 도서관이나 선배 등 다양한 경로로 기출문제를 구해볼 수 있다. 기출문제 5개년을 100문제 이상 풀어서 충분히 감을 봐야 한다. 특히 학교 기출문제는 대부분 교과서를 변형한 문제이기 때문에, 교과서만 잘 공부하면 어느 문제에서 어떻게 바꾼 건지 깨닫기 쉽다. 그렇게 바뀐 점을 찾다 보면, 그 안에 불변하는 문제의 코어를 찾을 수 있다.

2. 틀린 문제는 시간이 지난 뒤 다시 풀어라

수학 문제는 신기하게도 볼 때마다 문제가 다르게 보인다. 더 깊게 코어를 들여다보기 위해서는 문제를 여러 번 봐야 한다. 현실적으로 시간이 많지 않다면 틀린 문제라도 꼭 봐야 한다. 그래서 처음 풀었을 때 틀린 문제는 꼭 체크해 두고 시험 직전에 다시 풀어보기를 추천한다.

처음으로 오답 풀이를 했을 때는 풀이법을 이해했다기보다는 암기한 상태일 것이다. 이때 코어를 안다고 착각할 수 있다. 그렇기에 시험 직전에 꼭 다시 확인하여 코어를 지켜낼 필요가 있다.

3. 해설지를 적극적으로 활용해라

우리는 해설지를 얼마나 잘 이용하고 있을까? 해설지는 학원에서 선생님이 문제를 채점하기 위해서 만들어진 것이 아니다. 독학하는 학생들을 위해 친절하게 문제를 설명한 것이 해설지다. 그러니 문제를 이해하는 단계에서 해설지를 적극적으로 활용해야 한다. 거기에는 문제의 핵심이 무엇인지 보통 한 줄로 정리되어 있다. 그 한 줄이 바로 코어다.

해설지가 조금 불친절하면 문장의 앞부분을 이해하는 데 80퍼센트의 에너지를 쓰자. 해설지에 있는 거의 모든 문장은 사실 뜯어보면 'OO이므로 XX이다'라는 꼴로 생겼다. 앞부분의 OO이 원인이자 개념이기 때문에 여기서 모든 코어가 나올 확률이 높다. 그러니 앞부분에 집중하면 대부분의 해설지를 이해하기 쉬워질 것이다. 다음 해설지 내용 중 일부를 보자.

$$(a - 3)(a - 15) + k = a^2 - 18a + 45 + k = 0$$

이 식이 중근, 즉 해가 한 개이므로

이 식의 완전제곱식이어야 한다.

따라서 $(a-9)^2 = a^2 - 18a + 45 + k$

이 해설지를 볼 때는 어디에 집중하면 될까? 앞서 말했듯이 문장의 앞부분을 보면 된다. 여기서 앞 문장의 내용은 '해가 한 개, 즉 중근'이다. 그 부분이 코어인 것이다. 우리는 코어를 중근이라고 생각하고, 중근을 어떻게 풀이하는지에 집중하면 된다. 이 문제의 경우 수많은 중근 풀이 방법 중 완전제곱식으로 풀이했다.

이렇게 세 가지 방법으로 문제의 코어를 공부해 보자. 아무런 생각 없이 문제를 풀 때보다 훨씬 더 효율적이다. 실제로 내신 관련 상담에서 이 세 가지만 알려줬는데 성적이 급상승한 학생들이 많았다.

그렇다면 학교 시험은 어떤 교재로 공부하는 게 가장 좋을까? 앞에서도 이야기했지만, 학교 시험은 전적으로 선생님이 모든 권한을 가진다. 어떤 문제집에서 출제될지, 어떤 방식으로 출제될지도 다 선생님이 고른다. 그러니 우리는 선생님의 마음을 이해하면 좋다. 지금까지 내가 효율적으로 선생님의 마음을 이해하는 순서를 연구했으니 다음 순서를 따라서 교재를 선택하면 된다.

1. 선생님이 가장 많이 참고하는 교재를 공략하자

교과서 출판사에서 만든 평가문제집이나 교사용 참고서에 나온 문제들이 좋다. 평소 선생님들은 연구할 때 이 두 가지를 많이 사용하고, 수업을 교과서로 진행하기 때문이다. 선생님이 수업 시간에 나눠주는 프린트물이나 기타 자료들도 여기에 포함된다.

2. 선생님에게 좋은 문제집을 추천받자

가장 빠르게 고민을 해결하는 방법은 질문하는 것이다. 선생님에게 어떤 문제집으로 공부하는 게 좋을지 의견을 구해보자. 다른 누구의 조언보다 큰 도움이 될 것이다. 그러나 선생님이 질문을 안 받아주거나 질문하기 너무 어려울 수 있다. 그렇다면 주저하지 말고 다음 단계로 넘어가자.

3. 기출문제에 등장했던 교재를 보자

어떤 사람을 이해하는 가장 좋은 방식은 그 사람이 남긴 흔적을 보는 것이다.

마지막 방법은 기출문제를 들고 큰 서점에 가서 직접 교재들을 찾아보는 것이다. 여러 문제집을 펼쳐보며 어떤 문제집에서 비슷한 문제가 가장 많이 나오는지 찾아봐야 한다. 서점에서 이렇게 문제집을 다 보려면 다리도 아프고 힘들 수 있다. 그냥 유명한 문제집을 사서 풀면 안 되나 싶을 것이다. 그러나 이 방법이 그 어느 방법보다 확실하다. 힘들지만 서점에서 2시간만 투자하면 잘못된 방향으로 가는 50시간을 아낄 수 있다. 덤으로 교재를 풀 때 가장 효율적인 교재로 공부하고 있다는 확신까지 얻을 수 있다.

이제는 다양한 문제집 추천에 혼란스러워하지 말자. 옆자리 친구가 어떤 문제집을 꼭 풀어야 한다고 말하면 괜히 마음이 흔들릴 수 있다. 하지만 이제는 이러한 소문이나 분위기에 휩싸이지 않고 논리적으로 생각할 수 있을 것이다. 학교 시험 대비에 대한 고민이 해결되었으니 이제 다음 단계로 넘어가 보자.

🎓 출제자가 평가원이라면?

중학생 때는 학교에서 보는 중간고사와 기말고사가 가장 중요한 시험이다. 지금부터 다룰 내용은 학교 외 시험에 관한 것이다. 앞서 말했듯 공부에 대한 관점을 만드는 데 도움이 되는 내용이기에 짚고 넘어가고자 한다. 나중에 필요할 때 다시 읽어도 괜찮다.

모의고사나 수능 같은 학교 외 시험에서도 수학 교과서를 기준으로 문제가 나온다. 보통 학교 외 시험은 주기가 길어서 상대적으로 주기가 짧은 학교 시험보다 시험 범위가 3~4배 이상 넓은 경우가 많다. 이 넓은 범위에 맞는 정확한 문제를 출제하기 위해 전국의 교수님과 선생님이 모여서 출제한다.

이때 학교 외 시험 출제의 핵심은 넓은 범위를 한 번씩 다뤄야 한다는 것이다. 한 단원만 공부한 친구가 모든 단원을 골고루 공부한 친구보다 성적이 높으면 안 되기 때문이다. 이렇게 범위를 골고루 다룬다는 것이 학교 외 시험의 특징이다. 그래서 이런 종류의 시험을 보기 직전에는 전 범위를 복습하는 것이 매우 중요하다.

또한 학교 외 시험에는 교과서 문제보다 더 높은 난도로 응용된 문제들이 등장한다. 이 문제들은 단순한 공식 암기로는 절대 해결하기 어렵다. 보통은 3개 이상의 개념이 2개 이상의 상황에 복합적으로 등장한다. 다음 두 문제를 비교해 보면, 그 차이가 확실하게 보인다. 보이는 순서대로 첫 번째 문제가 학교 시험에서 나온 문제, 두 번째 문제가 모의고사에서 나온 문제다.

[문제 3]

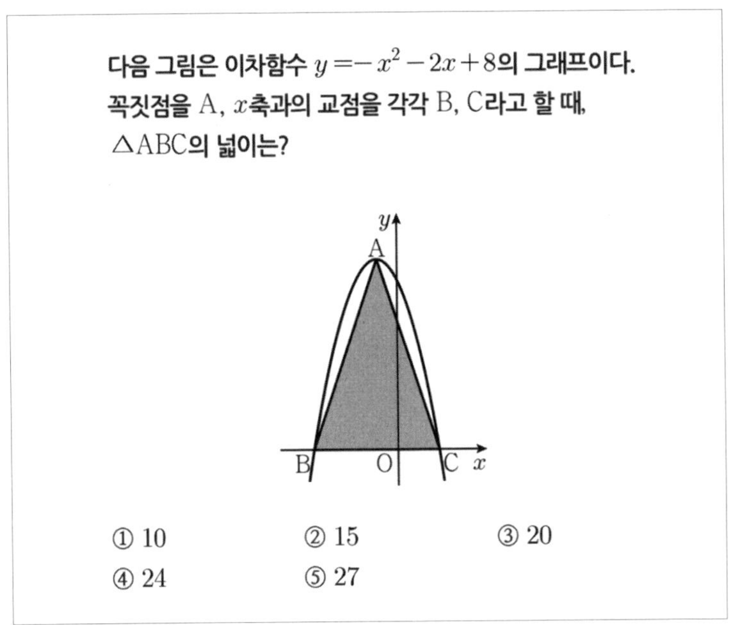

(출처: A 중학교 시험 변형 문제)

[문제 4]

20. 그림과 같이 y좌표가 서로 같고 제1사분면 위에 있는
두 점 A, B를 지나는 이차함수 $y=-ax^2+8ax\,(a>0)$의
그래프가 있다. 이 이차함수의 그래프의 꼭짓점을 C라 하고,
점 C에서 x축에 내린 수선의 발을 D라 하자. 점 D를 지나고
선분 BC와 평행한 직선이 이 이차함수의 그래프와 만나는 점
중 제4사분면 위에 있는 점을 E라 할 때, 삼각형 CAB의
넓이와 삼각형 CEB의 넓이의 비는 $2:5$이다. 삼각형 AOD의
넓이가 12일 때, 상수 a의 값은? (단, O는 원점이고, 점 A의
x좌표는 점 B의 x좌표보다 작다.) [4점]

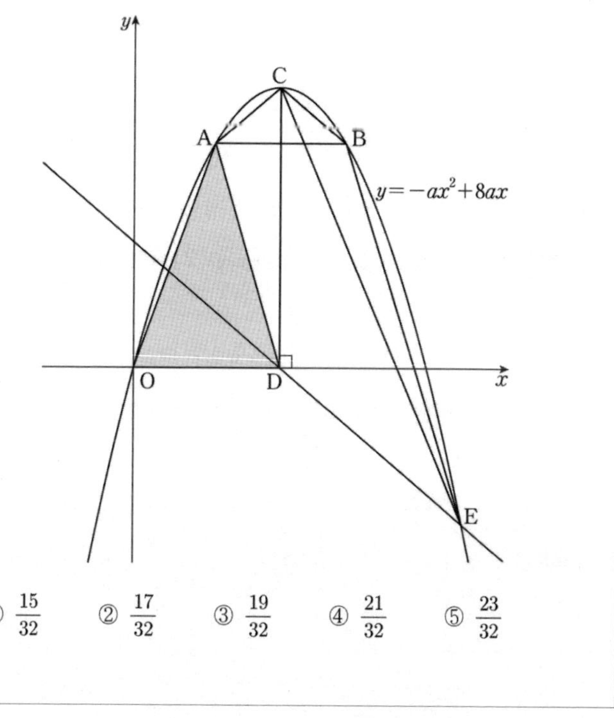

① $\dfrac{15}{32}$ ② $\dfrac{17}{32}$ ③ $\dfrac{19}{32}$ ④ $\dfrac{21}{32}$ ⑤ $\dfrac{23}{32}$

(출처: 2025년도 고1 3월 모의평가)

학교 시험 문제는 이차함수 개념에서 조금 변형된 문제라 '좌표 설정'이라는 코어를 연습한 친구들은 한 번에 풀 수 있다. 반면, 모의고사 문제는 이차함수 개념을 여러 상황에서 다루고 있다. 직선과의 교점, 좌표 설정, 미지수 설정 등 신경 쓸 것이 한두 가지가 아니다. 그래서 모의고사 문제를 풀 때는 무엇부터 할지 난감해진다.

이렇게 여러 개념이 복잡하게 얽힌 문제들을 풀기 위해서는 평소에 다양한 응용문제를 접해보는 것이 중요하다. 교과서만으로는 경험하기 부족한 다양한 문제 상황을 미리 경험해 보는 것만으로 실전력이 길러진다.

풀이 순서를 정해보는 경험, 안 풀릴 때 다른 방법으로 풀이해 보는 경험을 해보는 것이다. 이를 경험할 수 있는 유명한 교재로는 다음의 책들이 있다. 세 가지 교재에 큰 차이는 없다. 서점에 가서 직접 보고 제일 마음에 드는 것으로 구매하는 걸 추천한다.

학교 외 시험 대비용 추천 문제집

제목	지은이	출판사
쎈	홍범준, 신사고수학콘텐츠연구회	좋은책신사고
MAPL 마플	임정선	희망에듀
유형+내신 고쟁이	이투스에듀 수학개발팀	이투스북

학교 시험 공부하기에도 바쁜데 이 문제집들을 언제 풀어보냐고 되물을 수도 있다. 부족한 공부 시간은 뒤에서 설명할 '타임 어택 공

부법'을 이용하길 추천한다. 이 방법으로 시간을 잘 관리하면 평소에 도 학교 외 시험을 여유롭게 대비할 수 있다. 수행평가와 다른 과목 공부까지 소화하려면 공부 시간을 확보하는 게 중요하기 때문에 가 장 효율적인 방법을 만든 것이니 반드시 도움이 될 것이다.

학교 외 시험에서 결국 성적을 나누는 것은 심화 문제다. 문제 한 개 때문에 갈 수 있는 대학이 바뀐다는 것은 이제 놀라운 사실이 아 니다. 심화 문제에 대해서는 핵심만 간단히 짚고 넘어가겠다.

일단 심화 문제도 그 안에서 수준이 천차만별이다. 아예 손도 못 댈 것 같은 문제들이 매번 등장하지만, 풀 수 없는 문제들만 나오지 는 않는다. 그래서 고난도와 초고난도로 분류하는 것이 우선이다. 고 난도 문제의 경우, 타임 어택 공부법으로도 충분히 정복할 수 있다. 그러나 초고난도 문제들을 풀이하는 것은 다른 영역이다. 자세한 내 용은 뒤에서 다루겠지만, 핵심은 세 가지를 잘하면 된다.

1) 개념서를 보지 않고 개념에 대해 모두 설명할 수 있다.
2) 한 시험지에 나온 모든 심화 문제를 10분 내로 풀이할 수 있다.
3) 그냥 풀이할 수 있는 것뿐만 아니라 각각 두세 가지 방법으로 도 풀이할 수 있다.

이렇게 세 가지를 잘할 수 있으면 학교 외 시험에서 수학이 발목 잡을 일은 없을 것이다. 지금 당장 저 수준으로 올라갈 수 없다고 해 서 속상해할 필요는 전혀 없다. 저 단계에 가는 것은 최종 보스 단계 이다. 이제 하나하나 알려줄 테니 천천히 따라오면 된다.

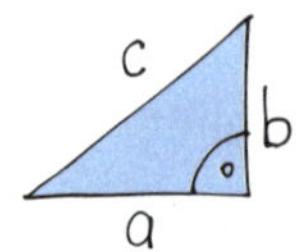

노베이스가 꼭 알아야 할
수학 공부의 핵심

모든 과목에서 기초가 없는 상태를 이르는 말로, '노베이스'라는 표현을 쓴다. 그런데 어쩌면 수학은 노베이스라는 표현을 쓰기 가장 애매한 과목이다. 초등학교 수학부터 모르는 친구도 노베이스고, 중학교 수학까지는 아는데 고등학교 수학을 모르는 친구도 노베이스다. 그래서 이 책에서는 노베이스를 '초등학교 수학까지만 아는 학생'이라 정의하고 이야기하고자 한다.

초등 수학까지만 이해하고 있으면 중등 수학, 고등 수학으로 바로 올라가기 어렵다. 초등과 중등 사이, 중등과 고등 사이에 각각 높은 벽이 존재하기 때문이다. 초등과 중등 사이에는 '방정식'이라는 벽이 있고, 중등과 고등 사이에는 '함수'라는 벽이 있다. 노베이스 학생들은 방정식과 함수라는 단어를 듣기만 해도 큰 벽을 마주한 기분일 수 있다.

나도 그랬다. '공부한다 해도 이 두 가지를 제대로 알 수 있을까?' 이런 생각까지 했었다. 하지만 지금의 나는 누구에게나 방정식과 함수를 설명할 수 있고, 문제를 수월하게 풀어줄 수 있다. 이게 가능한 건 내가 중등 수학부터는 남들과 다르게 공부해 왔기 때문이다.

중등 수학을 공부할 때부터는 개념서와 교과서를 '나만의 방식'으로 깊게 보았고, '나만의 기준'으로 고등 수학에 필요한 내용만 공부했다. 여기서는 그간 내가 가르친 수많은 노베이스 학생에게도 통했던 중등 수학 공부의 기준과 방법을 알려주려고 한다. 노베이스 학생들에게는 가장 짧고 강력한 길이니 꼭 적용해 보자.

중학교 수학은 모든 수학의 시발점이라고 불릴 만큼 중요하다. 중학교 때 나오는 개념들이 안 나오는 수능 문제는 단 한 문제도 없다. 노베이스 학생들은 "중학교 수학부터 다시 해야 하나요?"라고 묻는다. 이건 당연하다. 그다음 열에 아홉은 이렇게 물어본다. "어느 단원을 공부해야 해요?" "어떤 책으로 공부해야 해요?" "언제까지 공부해야 해요?" 이제부터 그 답을 한번 알아가 보자.

 수학 공부의 우선순위를 정해라

먼저, 대체 어디부터 공부해야 할까? 중학교 수학을 전부 공부하려면 생각보다 많은 시간이 든다. 중학교 3년 동안 공부할 분량을 한번에 끝내려고 하면 당연히 힘들 수밖에 없다. 그래서 다음과 같은 우선순위를 두고 순서대로 공부해야 한다.

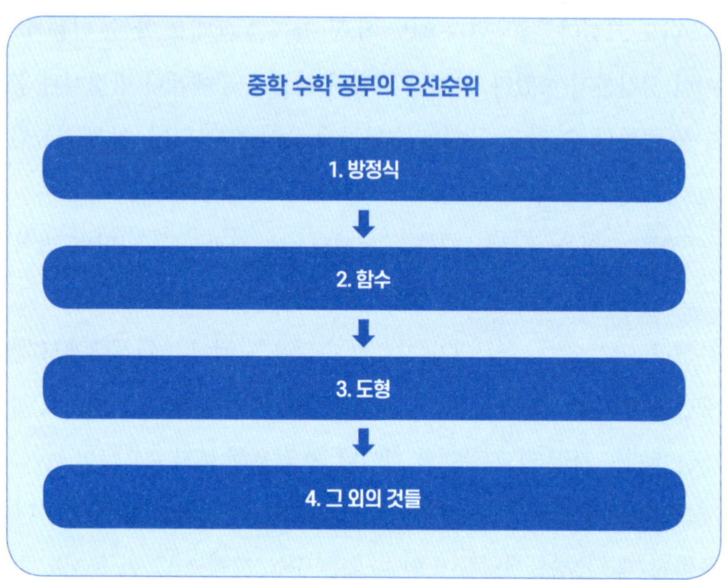

1. 방정식

방정식은 중등 수학의 시작점이자 꽃이라고 볼 수 있다. 여기서 기초가 잡히지 않으면 다른 공부는 의미가 없어진다. 순서는 다음과 같다. 중학교 1학년에 나오는 일차방정식을 공부하고 바로 2학년 내용인 연립일차방정식을 공부하면 된다. 마지막으로 3학년 내용인 이차방정식을 공부하면 방정식은 끝난다. 만약 고등 수학이 급한 고등학생이 방정식을 빠르게 공부하고 싶다면 '방정식의 활용' 단원은 간단한 연습문제만 풀어보고 넘어가도 좋다.

중등 수학부터 중요한 키워드는 바로 '연계와 연관성'이다. 특히 방정식과 함수가 어떻게 연관되는지를 모르면 앞으로의 수학이 매우 힘들어진다. 방정식을 공부할 때는 교과서를 먼저 보기를 추천한

필수	중학교 1학년 1학기	일차방정식
필수	중학교 2학년	연립일차방정식
필수	중학교 3학년	이차방정식
선택	중학교 1, 2, 3학년	일차, 이차방정식의 활용

다. 방정식을 설명하는 교재를 100권 이상 봤지만, 교과서만큼 설명이 친절한 책은 없었다. 또한 교과서는 연계를 중요하게 생각하는 책이기 때문에 다음 내용과 어떻게 연결될지를 분명하게 암시한다. 방정식을 공부하는 동시에 뒤에 나올 내용인 함수와의 연계 지점도 파악할 수 있다.

그간 개념들이 어떻게 연계되는지 느껴보지 못했다면, 이 말이 전혀 공감되지 않을 수 있다. 다음 간단한 두 예시를 살펴보자. 이 두 문제는 각각 다른 단원에 배치된 문제다. 지금은 수학 개념을 공부하는 시간이 아니니까 문제 풀이에 집중할 필요는 없다. 개념들이 어떻게 연계되는지만 느껴보자.

[문제 1]

$$x^2 - 5x + 4 = 0$$

1번. 이차방정식의 해의 개수는?

2번. 이차방정식의 해는?

[문제 2]

$$y = x^2 - 5x + 4$$

1번. 이차함수가 x축과 만나는 점의 개수는?

2번. 이차함수가 x축과 만나는 점의 x좌표는?

두 문제의 1번과 2번은 답이 정확히 일치한다. 두 문제의 답이 같은 것은 우연이 아니다. 이차함수와 이차방정식이 같은 풀이법을 공유하기 때문이다. 한마디로 말하자면 둘은 연계된다. 이렇게 개념들이 연계된다는 사실을 제일 잘 알려주는 교재는 교과서이다.

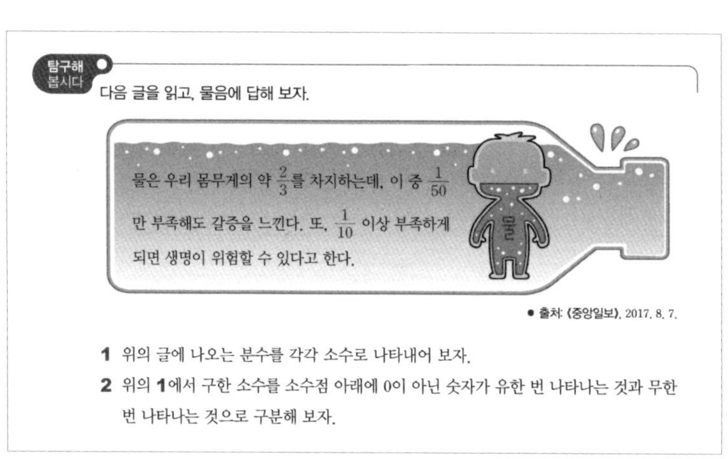

(출처: 동아출판 중학교 수학 2학년 교과서)

위 사진을 보면 교과서가 우리에게 계속 질문을 던지고 있다는 것을 알 수 있다. 교과서 속 1, 2번 질문들은 이전에 배운 '분수를 소수로 바꾸는 방법'을 복습하게 한다. 그리고 소수에는 끝나는 것과 끝나지 않는 것이 있다는 사실을 발견하게 만들어, 앞으로 배울 '유한소수와 무한소수' 개념을 준비시킨다. 이렇게 교과서에서 나오는 질문은 과거에 배운 내용을 복습하게 하거나 앞으로 배울 내용을 암시하는 역할을 한다.

그러니 교과서로 공부할 때는 책 속 질문에 대답해 보는 습관을 들여보자. 평소에 가장 많이 보는 교재라서 지겹겠지만, 교과서는 수학을 가르치면 가르칠수록 가장 좋은 교재임을 깨닫는다.

정리하자면 방정식은 교과서를 그대로 따라가면 된다. 교과서 내용을 천천히 읽고 엄선된 문제들을 풀이해 보자. 급하게 학원 진도에 맞춰서 따라가는 것보다 연계 내용을 더 깊게 이해할 수 있다. 옆에서 학원 교재로 방정식 문제 100개를 푸는 친구들을 보고 기죽을 필요 없다. 단언컨대 교과서는 국내 최고의 교재가 맞다.

2. 함수

방정식이 중등 수학의 꽃이라면, 함수는 고등 수학의 꽃이다. 고등 수학에서 다들 정말 어렵다고 손꼽는 미적분도 쉽게 말하자면 함수를 가지고 노는 것이다. 고등 수학에서 함수를 모르면 진도를 하나도 나갈 수 없다. 그러니 중등 수학에서 제대로 공부하면 매우 유리해진다. 실제 중학교 3학년 1학기와 고등학교에서 배우는 목차를 보면서 이야기해 보자.

중학교 3학년 1학기	공통수학 1 (2단원 방정식과 부등식)
제곱근과 실수	복소수
다항식의 곱셈과 인수분해	이차방정식
이차방정식	이차방정식과 이차함수
이차함수	여러 가지 부등식
	일차부등식
	이차부등식

두 목차를 비교해 보면 비슷한 내용이 많다는 걸 알 수 있다. 중학교 3학년 1학기 목차에서 '제곱근과 실수' '다항식의 곱셈과 인수분해' 내용은 파란색으로 표시한 내용을 배우기 위한 준비 단계이다. 공통수학 내용은 중학교 내용과 크게 다르지 않다. 공통수학 1의 일차부등식과 이차부등식 또한 말만 부등식이지 방정식과 함수를 적용하는 것으로 원리는 동일하다. 이를 보면 중등 수학 중 한 학기는 전부 공통수학 1을 배우기 위한 준비라고 봐도 무방하다.

이런 흐름을 모르고 중학교 때 당장 눈앞에 닥친 내용만 공부했다면 고등 수학의 공부량이 굉장히 많다고 느껴질 수 있다. 이제는 다르게 생각해야 한다. 함수를 공부할 때 모든 것을 따로 보는 것이 아니라 고등 수학을 위한 하나의 준비라고 생각해야 한다.

그러면 중등 수학에서 어떻게 함수를 공부하면 좋을까? 순서는 방정식과 마찬가지다. 일차함수와 이차함수 순서대로 공부하자. 일차함수는 중학교 2학년 1학기, 이차함수는 중학교 3학년 1학기 교과서로 공부하면 된다. 다만, 함수는 방정식과 공부 방향이 다르다. 처음에 개념을 공부할 때 교과서를 활용하는 것은 동일하지만, 이후에는 다양한 문제를 접해보는 것이 매우 중요하다. 그래서 함수는 문제를 많이 풀수록 성적이 올라가는 다다익선 전략이 가능하다.

이것이 가능한 이유는 함수에 너무 많은 상황이 등장하기 때문이다. 문제를 푼다는 것은 상황을 안다는 것과 같은 말이다. 그래서 여러 상황을 접해보는 것이 매우 중요하다. 고등 과정에서는 시험지 하나에 10개 넘는 함수가 마구잡이로 등장한다. 시험장에서 하나하나 천천히 해석할 시간이 없다. 본능적으로 풀이해 온 감각이 함수 문제를 더 빠르게 푸는 데 도움을 줄 것이다.

그러니 기본적인 이해를 끝낸 후에는 문제 풀이에 많은 비중을 두고 공부해 보자. 처음에는 어려울 것이다. 학교 시험에서 수학을 100점 받던 나도 일차함수를 처음 공부하고 시험 본 날에는 30점을 받았을 정도로 점수가 처참했다. 이건 머리가 나빠서 그런 것이 아니라, 함수가 너무 복잡한 형태이기 때문에 생기는 일이다.

함수는 다른 개념들과는 다르게 두 개의 변수(X, Y)를 동시에 신경 써야 한다. 하나가 바뀌면, 다른 변수는 어떻게 변하는지를 연결지어 봐야 한다는 말이다. 이게 잘 안 되면, 재밌는 드라마를 틀어놓는 동시에 웹툰을 볼 때 둘 다 집중이 안 되는 것과 같은 느낌이 든다. 너무 좌절할 필요는 없다. 처음에 못 풀어도 시험장에서만 풀 수 있으면 된다고 생각하자. 모르는 문제는 다시 풀고, 문제집에 나오는 문제들을 최소 2번 이상은 풀어보면서 시험장에서 본능적으로 반응해야 하는 걸 기억하자.

3. 도형

도형 파트는 개념이 많지 않기 때문에 짧은 시간 내에 중학 수학
에서 배우는 도형 개념을 독파할 수 있다. 그래서 중학교 도형 공부
를 한 번에 끝내고 싶다면 도형이 총정리된 책을 추천한다. 종류가
다양하고 장단점이 뚜렷해서 다음 표를 참고해 고르면 된다. 당장 다
음 시험이 바로 코앞에 있거나 한 학기 부분만 더 깊게 공부하고 싶
다면 우선은 교과서로 공부해도 괜찮다.

교재를 펼쳐서 개념을 공부하려고 하면 무엇부터 해야 할지 감이
안 올 수 있다. 생각보다 개념은 적어 보이는데 전부 안 외우면 큰일 날
것 같은 느낌이 든다. 그래서 도형을 공부할 때는 두 가지를 정확하게

도형 공부를 위한 문제집 비교

책 제목	지은이	출판사	장점	단점
바빠 고등수학으로 연결되는 중학도형 총정리	임미연	이지스에듀	개념이 상세하게 설명되어 있어 이해하기 쉽다.	문제 수가 다른 문제집에 비해 적은 편이다.
중학도형 한권으로 끝내기	고희권, 장순자	쏠티북스	연습문제가 많고 어렵지 않아 처음 공부하는 책으로 적합하다.	개념 설명이 다른 책보다는 상세하지 않은 편이다.
수능잡는 수학: 중학도형과 그래프	메가스터디북스 수학연구회	메가스터디북스	수능까지 연계되는 중요한 내용들을 자세하게 다룬다.	문제가 다른 문제집에 비해서는 많이 어려운 편이다.

외운다고 생각하자. 도형의 두 가지 핵심은 바로 '정의'와 '성질'이다.

정의는 쉽게 설명하자면 도형의 한 줄 자기소개다. 많은 학생이 대수롭지 않게 넘기는 부분이고 따분하다고 느끼지만, 굉장히 중요하다. 여기에서 부실하게 공부한다면 나중에 문제 속 도형이 어떤 도형인지 헷갈린다.

예를 들어 등변사다리꼴을 생각해 보자. 혹시 등변사다리꼴이 뭔지 한 줄로 설명할 수 있는가? '대충 사다리처럼 생긴 그거 아니야?'라고 암기했다면 등변사다리꼴의 특성을 물어보거나 다른 도형과 비교하는 문제가 나왔을 때 당황하기 쉽다.

그러나 등변사다리꼴의 정의를 정확하게 '밑변의 양 끝각의 크기가 같은 사다리꼴'로 외웠다면 어떤 도형이 나와도 정확하게 비교할 수 있다. '밑변의 양 끝각'만 보면 되므로 비교가 쉬워진다. 그래서 처음 공부할 때는 정의를 제대로 기억해야 한다. 친구의 자기소개를 제대로 기억했을 때 친구와 친해지기 쉽듯이 도형도 정의를 정확히 알아야 친해질 수 있다. 그때가 되어서야 도형 문제는 여러분에게 슬며시 답을 보여줄 것이다.

실제 교과서에서는 도형을 어떻게 배울까? 교과서에서 배우는 대로 등변사다리꼴의 자기소개를 살펴보자. 모든 교과서에서는 도형의 정의를 굉장히 중요하게 설명한다. 도형 단원에서 교과서의 흐름은 대부분 도형의 정의를 알려주고, 정의를 통한 도형의 성질을 하나씩 증명하는 형태로 전개된다. 그래서 정의를 알아내기란 어렵지 않다. 도형이 자신을 한 줄로 소개하는 느낌이 들고, 이를 도형 학습 중 가장 먼저 설명해 준다면 그 문장이 바로 도형의 정의다.

<table>
<tr><th>등변사다리꼴의 정의</th><th>등변사다리꼴의 성질</th></tr>
<tr><td>사다리꼴도 여러 종류가 있다. 그중 위 사다리꼴을 보자. 양 끝각이 같다. 양 끝각이 같은 사다리꼴을 '등변사다리꼴'이라고 하자.</td><td>- 등변사다리꼴은 평행하지 않은 두 변의 길이가 같다. 왜냐하면 각 A는 각 B와 같고 (이하 생략)

- 두 대각선의 길이가 같다. 이 또한 위 성질과 비슷하게 증명할 수 있다. 두 삼각형이 합동임을 증명할 수 있고 (이하 생략)</td></tr>
</table>

이때 주의할 점이 하나 있다. 많은 학생이 증명 부분이 어려워서 도형의 성질을 공부할 때 어려움을 겪고, 도형은 어렵다는 결론을 내리게 된다. 그러나 도형의 성질은 친구가 가진 여러 특징 중 하나와 같다. 친구의 혈액형이 B형인 것을 몰라도 친구를 사귀는 데는 아무런 문제가 없는 것처럼 말이다.

성질은 도형이 가진 특성이기 때문에 완벽하게 공부하지 않아도 괜찮다. 증명 과정에 너무 힘을 쓰지 말자는 뜻이다. 친구를 사귄다는 마음가짐으로 도형의 성질을 하나씩 이해해 보자. 정의와 성질을 어느 정도 이해했다면 바로 연습문제를 풀어보자.

개념 확인 문제

- 마름모는 등변사다리꼴이다 (O/X)

바로 이런 개념 확인 문제에서 정의와 성질의 힘이 보인다. 이렇게 개념을 확인하는 문제는 대부분의 학생이 헷갈려서 가장 싫어하는 문제 유형 중 하나이다. 만약 정의와 성질을 제대로 공부했다면 이 부분은 어렵지 않게 넘어갈 수 있다.

하지만 실전에서 도형 문제를 만나보면 알겠지만, 정의와 성질을 정확하게 공부한다고 해서 문제를 다 풀 수 있는 것이 아니다. 아마 그랬다면 내가 도형 때문에 2년간 힘들어하지는 않았을 것이다.

도형은 수학 중에서도 특히 개념 친화적이지 않다. 개념을 안다고 문제를 풀 수 없다는 뜻이다. 이렇게 공부 재능이 필요한 것처럼 보이는 영역이 또 있을까? 나 또한 학창 시절 도형을 정말 싫어했다. 학원에서 도형 시험을 보는 날에는 집에서 나가기 싫었을 정도로 거부감이 심했다. 주변에 도형 문제를 잘 푸는 친구들이 선 하나를 딱 그어서 문제를 푸는 모습을 볼 때마다 천재처럼 느껴졌다.

하지만 이렇게 두려워할 수만은 없었다. 여러 시행착오 끝에 2년 만에 도형 공포증을 극복했다. 그중 가장 좋았던 방법 두 가지를 알려주겠다.

첫 번째 방법은 문제를 보고 어떤 도형 개념을 적용할지부터 생각하는 것이다. 쉽게 말해서 '어떻게 풀까?'가 아닌 '어떤 개념으로 풀까?'라고 생각해야 한다. 중고등학교에 자주 등장하는 도형 개념은 20개 내외이다. 먼저 이 20개 내외의 개념을 확실하게 공부한다. 그 다음에는 개념들을 떠올리면서 문제와 가장 비슷한 개념을 찾고, 어떻게든 그 개념과 비슷한 상황을 만들어 푼다. 이렇게 하면 도형 문제에서 방향을 잡기 쉽다. 뭐부터 시작해야 할지 몰라 멍 때리지 않는 것만으로 도형 문제는 절반 이상 해결한 것이다.

정리하자면, 도형 문제를 풀 때는 풀이 방법(방식)을 찾기보다, 그 도형이 가진 성질(개념)을 떠올려보는 것이 중요하다. 예를 들어 다음 문제를 보자.

[문제 3]

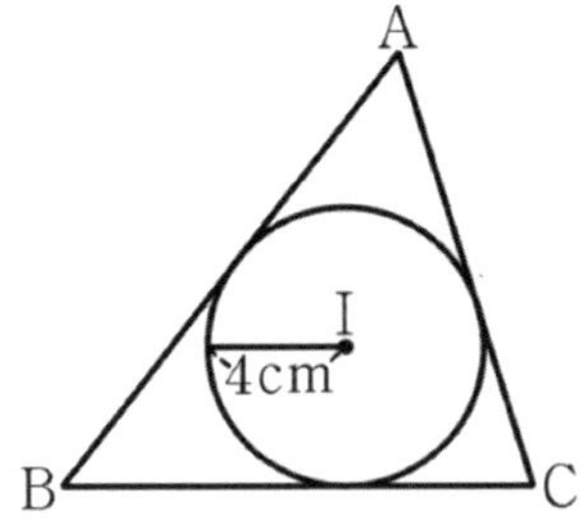

이 문제를 보았을 때, 먼저 삼각형 안의 원이 세 변에 모두 닿아 있으므로 '내접원'이라는 사실을 떠올려야 한다. 그리고 내접원의 반지름과 삼각형의 넓이 사이에는 일정한 관계가 있다는 것을 이용하면 문제를 해결할 수 있다.

이제 도형 문제를 볼 때 어떤 생각부터 해야 하는지 감이 잡힐 것이다. 앞으로 도형 문제를 만나면 '이 도형이 무엇인지'를 먼저 생각하는 연습을 해보자.

두 번째 방법은 도형 문제를 잘 푸는 친구들의 생각을 분석하는 것이다. "어떻게 저런 생각을 하지?"가 아닌 "왜 저런 생각을 했지?"라고 생각해 보자. 학창 시절의 나는 도형을 잘하는 친구들을 보고 "어떻게 저런 생각을 하지?"라고만 생각했다. 난 절대 못 할 거라는 열등감도 있었다. 그래서 처음에는 풀이를 그대로 외우려고 했는데, 문제가 있었다. 분명히 내가 일주일 전에 틀려서 풀이를 외운 문제가 나왔는데 다시 봐도 풀 수가 없었다. 그 경험을 한 이후로 생각이 바뀌었다. 그들의 머릿속을 파헤쳐보기로 했다.

"이 도형을 보고 재형이는 왜 오른쪽 아래에 보조선을 그었을까?" "현수는 왜 갑자기 사각형 안에 이등변삼각형을 만드는 걸까?"

친구들에게 물어보거나 답지를 통해 공부하면서 도형 고수들의 모든 행동에는 이유가 있다는 걸 알았다. 그리고 그 이유는 앞에서 말한, 문제를 풀 때 개념을 적용하려는 사고와 동일했다. 그렇게 친구들의 생각과 행동을 따라 하다 보니 자연스레 문제를 보면 무엇부터 해야 할지 보이기 시작했다.

정리하자면, 도형 문제를 풀 때는 개념을 계속 떠올리고, 오답을 정리할 때는 고수들의 사고를 배워보자. 도형 공포증이 극복된다면 다른 수학 개념을 공부할 자신감까지 자연스레 생긴다.

내가 가르친 학생들도 처음에는 도형이 가장 헷갈리고 어렵다고 했지만, 마지막에는 제일 쉽다고 했다. 그러니 처음에 문제가 안 풀리고 개념이 단번에 안 익혀진다고 포기하지 말자.

4. 그 외의 것들

일단, 방정식과 함수 그리고 도형에 집중하고 나머지 시간을 여기에 쏟으면 된다. 이미 중등 수학의 90퍼센트가 끝났다. 그렇다고 나머지 10퍼센트가 중요하지 않다는 뜻은 절대 아니다. 당연히 나머지도 공부해야 한다.

시험 준비를 해야 하는 중학생이라면 각자 시험 범위에 맞는 교과서로 공부를 시작하면 된다. 고등 수학을 위해서 중등 수학을 빠르게 공부해야 하는 고등학생이라면 표로 정리한 중학 수학 총정리 문제집 목록에 있는 책 중 본인에게 맞는 것으로 골라보자.

나머지 10퍼센트 단원에서는 확률, 통계 그리고 여러 활용을 공부하게 된다. 이 단원을 공부할 때는 개념도 중요하지만, 연습문제를 많이 풀어보는 것이 좋다. 개념을 이해해도 이것이 곧장 문제 풀이로 이어지지 않는 경우가 더러 있기 때문이다.

그렇다면, 시중에 나와 있는 수많은 문제집 중 무엇으로 공부하는 것이 좋을까? 여러 문제집을 추천하기는 했지만, 가장 좋은 건 '교과서'다. 반복해서 말하는 이유가 있다. 교과서만큼 쉬운 설명과 다양한 예시를 가진 책은 없기 때문이다. 어떤 개념서와 비교해도 교과서의

중학 수학 총정리 문제집 비교

책 제목	지은이	출판사	장점	단점
중학수학 총정리 한 권으로 끝내기	이규영, 고희권	쏠티북스	개념을 잘 이해했는지 확인하는 개념 문제가 많고 문제 유형이 다양하다.	요약 위주의 구성이라 상세하고 친절한 개념 설명은 부족한 편이다.
바빠 고등수학으로 연결되는 중학수학 총정리	임미연	이지스 에듀	개념 설명이 도표나 그림 형태를 포함하여 자세하고 친절하다. 혼자 공부하기에 좋은 책이다.	문제 난도가 다소 쉬운 편이고 문제 수가 다소 적은 편이다.
중등 키 수학 총정리 28일 완성	키 수학학습방법연구소	키출판사	학습 계획이 짜여 있어 공부하기에 편하다. 전국 모의고사 문제가 포함되어 있어 난이도 있는 문제도 접해 볼 수 있다.	정해진 기간 안에 끝내야 한다는 생각 때문에, 학습량이 다소 빠듯하게 느껴질 수 있다.

퀄리티가 가장 좋다. 혼자 공부하려는 사람일수록 교과서를 강력 추천한다. 그러나 이런 교과서도 장점만 있는 것은 아니다. 다양한 문제를 접해보고 싶을 땐 교과서보단 개념서가 좋은 선택지이다. 본인이 직접 서점에 가서 어떤 책으로 공부하는 것이 좋을지 결정하면 효율이 더 좋다. 그러니 다음 몇 가지 기준을 참고해 서점에 가서 책을 사보자.

1) 너무 두꺼운 교재는 피하자. 한 달 내로 끝낼 수 있는 교재가 가
   장 좋다.
2) 중학생인 경우, 주변 학원이나 학교에서 친구들이 가장 많이 푸
   는 책을 사보자. 혹은 수학 선생님에게 교재를 추천받자.
3) 고등학생인 경우, 중학교 수학 전 범위를 다루는 문제집을 고
   르는 것이 좋다. 이왕 하는 김에 한 권으로 끝내는 것이 가장 효
   율적이다.

즉, 교과서로 개념을 다지고 개념서를 통해 문제를 푸는 정석 루
트가, 실력을 쌓는 가장 빠른 길이다.

🎓 노베이스 탈출은 굵고 빠르게

노베이스에서 '유베이스'로 다시 시작하기 위해서는 속도가 가장
중요하다. 노베이스 탈출에 3년이나 걸린다면, 아무도 안 하려고 할
것이다. 그래서 노베이스 탈출은 굵고 빠르게 해야 한다. 먼저 교재
한 권을 한 달 내로 끝내는 걸 추천한다. 한 권을 끝내야 성취감이 최
대로 올라가고, 한 달 내로 다 풀어야 우리가 원하는 목표에 다가갈
수 있다.

중등 수학을 하나도 몰랐던 고3 동규도 똑같았다. 처음에는 힘들
어했지만, 한 달 안에 중등 수학 총정리 문제집을 다 푼 이후에는 누
가 하라고 하지 않아도 수학을 열심히 공부했다. 그 결과 7~8등급에

서 단숨에 3~4등급으로 치고 올라갔다. 우리도 문제집 딱 한 권만 잡고 한 달만 노력해 보자. 시중에서 가장 얇은 문제집을 풀고 기뻐해도 좋다. 어쨌든 한 권을 다 풀었다는 점이 제일 중요하다.

이제 어떻게 공부해야 할지만 알면 된다. 노베이스 탈출에 가장 효과적인 공부법을 한마디로 설명하면, 여러 번 '타임 어택'을 통해 공부하는 것이다. 준비물은 다음과 같다. 먼저, 교재를 구매한 후에 이 두 가지를 파악한다.

1) 나 자신: 하루에 수학 공부를 몇 시간 할 수 있을까? 언제 수학 공부를 할 수 있을까?
2) 교재: 교재 안에 난이도별로 몇 문제가 있는지 알아본다. 중 난이도 문제와 하 난이도 문제 수를 체크한다. (상 난이도는 제외)

이때 문제당 풀이 시간은 '중 난이도 문제 = 3분, 하 난이도 문제 = 1분'이다. 이렇게 계산해 보면 내가 한 문제집을 몇 번 풀 수 있는지 나온다.

예를 들어보자. 철희는 하루에 수학 공부를 4시간 할 수 있고 일요일은 가족과 쉬는 날이다. 하루이틀 정도는 공부를 못하는 사정이 생길 수 있다. 그러면 한 달 중 24일 정도, 총 96시간을 공부하는 데 쓸 수 있다. 철희가 산 문제집을 파악해 보니 중 난이도 300문제, 하 난이도 600문제가 있다. 그러면 문제 1회독에는 25시간이 걸린다. 한 달 동안 한 문제당 3번은 여유롭게 풀 수 있는 것이다.

이제 문제집을 1회독한다. 이때는 문제당 풀이 시간을 지키면서 시간 내에 다양한 생각을 해본다. 다 못 풀었어도 괜찮다. 우리에게는 2번의 기회가 남아 있다. 못 푼 문제는 체크해 두고, 다음 2회독 때는 못 푼 문제부터 푼다. 이렇게 3회독을 했는데도 못 푸는 문제가 생기면, 그때는 해설지를 보자.

사실 이 방법은 심리학에서 '자이가르닉 효과'를 이용한 것이다. 자이가르닉 효과는 첫사랑 효과라고도 불린다. 미완성된 것이 머릿속에 계속 떠오르는 현상을 일컫는 말이다. 결말을 못 본 드라마가 계속 생각나듯이, 풀지 못한 문제는 머릿속에 반복해서 떠오른다. 공부하지 않는 시간에도 머릿속에서 계속 모르는 문제를 곱씹고 풀이해 보게 된다.

이렇게 여러 번 고민하면 수학적 사고력이 급상승하고, 해설지를 봤을 때 이해할 수 있는 관점도 다양해진다. 또한 시간을 정해서 고민하다 보니 시간 낭비도 크지 않다. 빠르게 여러 문제를 풀고 싶은데, 수학적 사고력을 놓치고 싶지 않을 때 이 방법을 강력하게 추천한다.

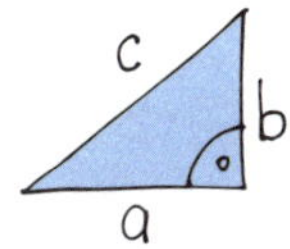

성적을 만드는
멘탈과 루틴을 장착하라

의외로 많은 학생이 멘탈 문제로 성적이 오르내린다. 그중 가장 큰 적은 두 가지다. 불안과 열등감. 물론 두 가지를 느낀다고 해서 100퍼센트 성적이 떨어지는 것은 아니다. 건강하게 관리하면 오히려 성적을 올리는 데 도움이 되기도 하지만, 보통의 학생들은 이 감정에 잡아먹히는 경우가 많다. 다음 상황 중에 본인이 얼마나 해당하는지 확인해 보자.

☐ 불안해하는 시간이 공부하는 시간보다 더 많다.
☐ 나보다 수학을 잘하는 친구를 보면서 머리가 좋아서 그렇다고 생각하곤 한다.

이런 상황에 본인이 한 가지라도 해당한다면, 이제부터 설명할 내용에 꼭 집중하길 바란다. 어쩌면 여러분의 성적이 오르지 않았던 이유는 공부 방법이나 머리의 문제가 아니라 '멘탈'의 문제였을 수 있다.

이건 어쩌면 당연한 일이다. 우리는 어릴 때부터 시험이 인생의 전부였다. 정답을 찍지 못하면 오답이고, 정답을 맞추지 못하는 것은 부끄러운 일이었다. 나도 손을 떨지 않고 본 시험이 있었던가 싶을 정도로 시험을 볼 때마다 자주 불안했고 열등감이 심했다. 그러나 멘탈 관리가 중요하다는 것을 인정하고 관리하면서 성적도 꾸준히 상승했다.

긴장하지 말라는 뻔한 이야기를 하려는 것이 아니다. 여기서는 시험 직전의 불안을 없애는 실용적인 방법을 알려주고자 한다. 쉽지 않겠지만, 하나씩 적용해 보자.

 # 불안과 열등감이 성적에 미치는 영향

1. 불안을 없애는 대신 다스리는 법

인간은 본능적으로 남들보다 뒤떨어지는 것에 거부감을 가진다. 그래서 나보다 수학을 잘하는 친구, 열심히 공부하는 친구를 보면 자연스럽게 불안해진다. SNS를 통해 나보다 앞서 있는 사람들을 보면서 초조함을 느낀다. 이때 우리는 '모든 것에 불안해할 필요는 없다'라는 생각을 가져야 한다.

실제로 불안은 성장을 위한 필수 요소지만, 살면서 모든 것에 불안해야 할 이유는 없다. 우리는 '슈퍼 히어로'가 아니다. 그러니 모든 것을 다 잘할 수는 없다. 같은 반 친구들이 제각각 잘하는 것이 다 다른 것처럼, 나에게도 잘하는 것과 상대적으로 못하는 게 있는 건 자연스러운 일이다.

중요한 건 불안을 없애는 것이 아니라, 어디에 쓸지 정하는 일이다. 내가 수학 공부에 불안함을 느낀다면, 그 사실을 인정하고 딱 그만큼만 불안해하자고 다짐해 보자. 그다음에는 오늘 할 일을 먼저 끝낸다. 나는 불안해하는 학생들에게 우선 하루치 공부를 다 한 뒤에 불안해하자고 말한다. 그렇게 공부를 마친 학생들은 신기하게도 불안한 감정이 엷어졌다고 한다. 이미 할 수 있는 일을 다 한 상태에서 느끼는 자신감과 뿌듯함이 막연한 불안을 잠재우는 것이다.

불안한 감정을 100퍼센트 통제할 수 없다는 것을 알지만, 지금 내가 할 수 있는 일에 집중하는 연습이 쌓이면, 어느새 불안함을 덜 느끼는 나를 만날 수 있다.

수학은 주요 과목 중에서도 문제를 푸는 속도와 정확도가 바로 비교되기 쉬운 과목이다. 많은 학생이 수학은 재능의 영역이라고 생각하는 이유가 바로 이 때문이다. 그래서 특히 열등감이 생기기 쉽다. 그때 생기는 열등감을 건강하게 관리하면 성장할 수 있고, 계속 끌고 가면 낮은 성적에 대한 합리화로 이어지기 쉽다.

고등학교 때 내 친구 현수는 나에게 열등감을 느낀다며 이렇게 말했다.

"물론 너처럼 바로 성적이 좋아질 수는 없겠지만, 방법 좀 알려줄 수 있을까? 나도 수학을 잘하고 싶어."

자신이 부족하다는 사실을 인정하는 건 쉽지 않다. 그래서 부족함을 받아들이고 앞으로 더 나아질 방법을 고민하는 현수의 말에 놀랄 수밖에 없었다. 더 놀라운 것은 현수의 성장 속도였다. 전교 100위권이었던 현수는 어느덧 10위권 안으로 들어와서 나와 함께 경쟁하고 있었다.

반면 끝까지 열등감을 붙잡고 있는 학생들도 있었다. "저는 윤서만큼 재능이 없어요" "저는 타고나기를 게을러서 안 돼요". 이런 말은 본인을 객관적으로 분석하는 것처럼 보이지만, 사실은 스스로를 합리화하기 위한 말이다. 재능과 성향 탓을 하는 순간, 노력할 이유도 사라지기 때문이다. 이런 학생들은 아무리 긍정적으로 말해줘도 자신을 부정하다 보니 더 좋은 성적을 끌어내기가 쉽지 않았다.

이 사례에서 알 수 있듯이 자신의 열등감을 인정하는 것은 매우 중요하다. 인정한 후에는 이를 어떻게 처리할지 차분하게 생각해 보는 시간도 필요하다. 내가 객관적으로 가지기 어려운 것이면 깔끔하게 포기하고, 쟁취할 수 있는 것들은 가지기 위해 적극적으로 노력해 보자. 그리고 열등감을 새로운 동력으로 삼으면 된다. 지금 이 책을 읽는 학생들은 현수처럼 건강하게 열등감을 표현하고 관리하여 성장할 것이라고 믿는다.

🎓 수학은 재능이 아니라, 루틴의 예술

성적이 잘 나오기 위해서 재능이 가장 중요하다고 생각한다면, 답이 없는 것이 수학이다. 물론 아이큐가 높으면 공부가 상대적으로 수월할 수는 있다. 하지만 공부법의 퀄리티와 공부량에 비례하여 수학 성적은 반드시 상승한다. 그러니 우리는 바꿀 수 없는 아이큐와 재능 대신 다음 두 가지를 바꾸면 된다.

1) 공부법의 퀄리티: 어떻게 공부할지
2) 공부량: 얼마나 공부할지

이렇게 사고를 전환하는 것을 합리화라고 생각하지 말고, '선택과 집중'이라고 생각해 보자. 그러면 재능 앞에서 좌절했던 마음이 한결 편해질 것이고, 나 자신에 집중할 수 있을 것이다.

이왕 마음 먹고 공부하기로 했다면, 이제 수학을 '루틴의 예술'이라고 받아들여 보자. 루틴이 정해지면 공부량은 자연스럽게 늘어난

다. 전혀 관련 없을 것 같지만, 공부를 많이 할수록 공부법의 퀄리티
도 올라간다. 그러므로 루틴 하나만 잘 설정하면 양과 퀄리티 두 가
지 모두를 잡을 수 있다.

그렇다면 루틴은 어떻게 만드는 걸까? 여기서는 루틴을 설정하
는 네 가지 방법을 먼저 살펴보고자 한다. 하나씩 적용해 보고 자신
에게 맞는 방법을 선택하자.

1. 매일 정해진 개수의 문제 풀기 (예를 들어, 매일 20문제씩)
- 꾸준히 지키기 어렵지만, 감을 유지하기에는 최적의 방
  법이다.
- 스스로 쉬운 문제로만 문제를 구성할 수 있어서 문제 난
  이도 조절이 필요하다.

2. 매주 단위로 문제를 정해서 풀기
- 변수에도 유연한 대응이 가능하다.
- 일요일은 없는 날이라고 생각하는 게 편하다. 그래야, 일
  정을 여유롭게 잡을 수 있다.

3. 매일 정해진 시간만큼 공부하기 (예를 들어, 매일 3시간씩)
- 처음에 공부 습관을 잡기에 좋다.
- 시간을 헛되게 보낼 확률이 높다.

3, 4번 방법처럼 루틴의 기준을 시간으로 하면, 공부를 못 하는 예상치 못한 상황이나 개인의 집중력에 좌우되기 쉽다. 그래서 문제 수를 기준으로 잡는 것이 훨씬 수월하다. 가장 추천하는 방식은 두 번째 방법인 매주 단위로 얼마나 문제를 풀지 정하는 방식이다. 매주 몇 문제가 남았고 언제 어떻게 풀이할지를 플래너로 관리하면서 공부 계획을 짜는 능력도 키울 수 있다.

플래너 작성 예시

주별 목표 : 수학의 정석 함수 단원 40문제			
요일	계획	결과	메모
월	1~8번(개념 확인)	○	5번 문제 조건 해석 실수
화	9~16번(기본 문제)	△ 14번까지 품	학원 보강으로 시간 부족
수	15~24번(화요일 보충)	○	19번 오답 풀이 필요
목	25~32번	△ 30번까지 품	27, 29번 모르겠음 → 선생님께 질문하기

금	31~40번 (목요일 보충)	○	
토	오답 복습(5, 19, 27, 29번 문제)	○	
일	쉬는 날 (비워두기)		

  다른 방식들도 각자 장단점을 가지고 있으니, 본인에게 맞는 걸 선택하면 된다. 가장 중요한 점은 무엇을 하든 루틴을 설계하여 공부법과 공부량을 관리하는 것이다.

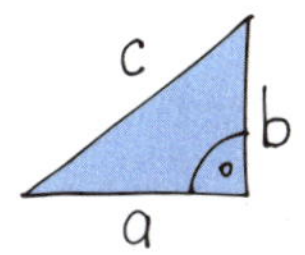

이제 '7단계 공부법'을 시작하자

　이번 파트에서는 수학 공부를 다시 시작하려는 학생들에게 필요한 마음가짐과 출발선을 알려주었다. 공부할 때 멘탈 관리의 중요성을 몰랐었다면, 이번 기회에 내 안의 수학을 향한 두려움을 마주해보기를 바란다.

　이제부터는 실제로 성적을 바꾸는 구체적인 방법을 알아보자. 그간 노베이스 학생들을 가르치며 반복해서 검증한 7단계 수학 공부법이다. 여기서 7단계 공부법을 100퍼센트 활용하는 법을 짚고 다음 파트로 넘어가 보자. 하나씩 따라가다 보면 남들보다 강한 자기 확신과 끈기로 수학을 정복할 나만의 방법을 발견하게 될 것이다.

1. 필기도구를 적극 활용하면서 읽자.

: 펜, 연필, 색연필, 형광펜 등의 도구를 이용해 적극적으로 읽은 만큼 점수도 크게 상승할 것이다.

2. 수학 성적을 올려보겠다는 다짐이 필요하다.

: 모두가 수학을 잘하고 싶어 하지만, 실제로 굳게 다짐하는 사람은 극소수다. 이 중에서 성적을 올리는 학생들이 생긴다.

3. 수학 공부 시작 전, A4 용지에 7단계 공부법을 써두자.

: 어디든 잘 보이는 곳에 붙여두고, 수학 공부를 할 때마다 공부법을 되새기자.

4. 수학 공부에서 고민이 생길 때마다 이 책을 다시 읽자.

: 특히 부족한 단계가 있다면 그 부분을 다시 읽으면서 반성하고 나아가자.

5. 단계별로 최소한 한 개씩은 흡수해야 한다.

: 끝까지 읽기만 한다고 이 책을 다 흡수할 수 없다. 독서가 만능이라는 사고는 적어도 이 책에서는 버려야 한다.

6. 다른 사람에게 7단계 공부법을 설명해 본다.

 : 설명하는 공부법이 가장 좋은 공부법임을 잊지 말자.

7. 마지막으로, 이 공부법을 믿어야 한다.

 : 여태껏 이 공부법으로 성공한 선배들과 1,000명 이상 수
학을 가르치며 연구한 나를 믿어야 공부법을 가장 빠르게
흡수할 수 있다.

LEVEL

3

성적 역전을 만드는

7단계 공부법

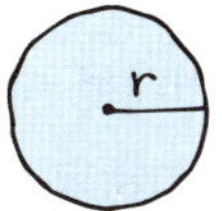

1단계

수학 공부의 출발선은
'여기'부터다

앞 장에서 어떤 내용이 가장 인상적이었는가? 내가 성적을 올렸던 이야기일 수도 있고, 공부에 멘탈 관리가 중요하다는 말이 제일 기억에 남았을 수도 있다. 그중 가장 중요한 내용은, 자기 확신과 끈기가 12년 수학 공부를 꿰뚫는 핵심 포인트라는 것이다.

공부법을 원하는 학생들에게는 뜬구름 잡는 소리처럼 들릴 수 있다. 어쩌면 '그래서 진짜 공부는 어떻게 하라는 거야?' 하면서 속으로 살짝 실망했을지도 모른다. 마치 RPG 게임의 고수에게 비법을 물어봤더니, 화려한 스킬을 알려주는 게 아니라 "기초 체력부터 열심히 기르세요"라는 대답을 들은 기분일 것이다. 이때 많은 플레이어가 그 말을 무시하고 눈앞의 몬스터를 한 마리라도 더 잡으러 달려간다.

하지만 레벨이 오를수록 깨닫는다. 보스 몬스터 앞에서 결국 발목을 잡는 것은 부족한 기초 체력이다. 공부도 똑같다. '자기 확신'과

'끈기'라는 기본 능력치를 등한시한 채 문제 풀이 스킬이나 공부법에만 집중하다 보면 머지않아 거대한 벽에 부딪히게 된다. 그리고 그 벽 앞에서 대부분의 학생은 자신의 공부머리를 탓하며 주저앉는다.

🎓 백 개의 공부법 대신 나 자신을 알라

나는 조급해하는 학생들에게 '5보 후퇴 5보 전진'의 마음가짐을 가지라고 말한다. 다섯 걸음 앞으로 가기 위해서는 먼저 다섯 걸음 떨어져서 바라봐야 한다는 뜻이다. 남들보다 성적을 다섯 배 빨리 올리려면 다섯 배는 천천히 멘탈을 설계해야 한다. 앞에서는 불안과 열등감이라는 감정을 인지하고 어떻게 다루어야 할지 알려주었다. 여기서는 수학에 대한 부정적인 감정을 관리하는 걸 넘어 공부할 때 필요한 능력을 기르는 구체적인 방법을 이야기하려고 한다.

튼튼한 공부 멘탈을 가지기 위해서는 자기 확신과 끈기가 필요하다. 이걸 어떻게 건강하게 기를 수 있을까? 이걸로 어떻게 수학 성적이 급상승할 수 있을까?

'수학 공부법 보려고 왔는데 무슨 멘탈 타령이지? 빨리 다음 장으로 넘어가야겠다.'

이렇게 생각할 수도 있다. 과거의 나라면 그랬을 것이다. 당장 눈앞의 점수를 10점이라도 올려야 하는데, 먼저 자신의 상태를 알고 멘탈을 관리해야 한다는 소리는 한가하게 들릴 수밖에 없다. 하지만 그 전에 스스로 자신의 공부 방식을 돌아보자. 지금까지 수학 공부법을 열심히 찾아보고 나름대로 따라 했을 텐데, 성적이 그대로인 이유가 무엇일까?

많은 학생이 공부 방법은 바꾸려 하지만, 자신이 어떤 상태에서 공부하고 있는지는 점검하지 않는다. 나 또한 노베이스 학생들에게 처음으로 수학을 가르칠 때, 멘탈 대신 더 효율적인 문제 풀이 스킬, 더 체계적인 오답 노트 작성법을 알려주는 데 집중했다.

그러나 공부법을 아무리 열심히 알려줘도 성적이 오르지 않는 학생들을 만났다. 이런 학생들의 공부법을 어떻게 개선해야 할지 연구하던 끝에, '심리'가 공부에 큰 영향을 미친다는 걸 발견했다. 그래서 학습 심리를 연구하기 시작했고, 그 후로 만난 학생들에게는 본격적으로 공부를 시작하기 전에, 자신의 마음 상태를 진단해 보라고 권한다.

한 예시로 중학교 1학년 현승이의 이야기를 들려주려고 한다. 현승이는 수학 공부를 시작하려고 하면 마음이 답답했다. 이유도 모르는 답답함 때문에 수식을 보기만 해도 공포심이 생기는 지경에 이르렀다. 현승이와 1시간 동안 이야기를 나누어보니, 어릴 때 수학 때문에 받은 스트레스가 극심했다.

현승이는 과거 수학 문제를 틀릴 때마다 학원 선생님에게 혼이 나고 친구들 앞에서 망신을 당한 경험이 있었다. "왜 이런 쉬운 것도 몰라" "다시" "집중해" 같은 말들은 경고처럼 들렸고, 어느 순간부터 수학은 현승이를 괴롭히는 과목이 되었다. 나는 현승이의 성적표보다 감정을 먼저 펼치기로 했다. 점수가 아니라 마음의 온도를 재보기로 한 것이다(자세한 공부법은 뒤에서 곧 다룰 것이다. 지금은 현승이의 변화

과정을 함께 살펴보자).

1주 차: 감정 설명하기

첫 만남 때, 현승이에게 문제집을 풀게 하지 않았다. 옆에서 개념을 알려주면서 문제를 봤을 때 드는 감정을 빈 종이에 솔직하게 적어 보라고 했다. 몸이 어떤 신호를 보내는지도 생각해 보도록 했다. 현승이는 처음엔 어렵게 느꼈지만, 백지를 천천히 채우기 시작했다.

"보기만 해도 답답함. 손에 땀이 남. 틀릴까 봐 겁남. 그래도 조금 하고 싶음."

마지막 줄을 보고 난 작은 축하를 건넸다. 그날 우리는 여러 수학 개념이나 문제 대신 감정을 설명하는 연습을 했다. 그렇게 자신의 감정을 마주한 다음, 본격적인 공부가 시작되었다.

2주 차: 불안 다루기

2주 차에는 현승이에게 불안을 다루는 법을 알려주었다. 앞에서도 설명했듯이, 막연히 불안해하는 시간에 해야 할 일을 먼저 끝낼 수 있도록 도와주었다.

"불안을 친구라고 생각해 봐. 친구랑 숙제 끝나고 놀 듯이, 불안도 숙제 끝나고 놀러 오라고 하자."

이런 농담을 하며 우리는 불안보다 다른 감정에 집중했다. 그래도 불안함을 느낄 때는 "지금 나는 불안하다"라고 소리 내어 말하고 인정하기로 했다. 현승이는 숙제를 끝낸 후에는 불안함이 느껴지지 않았다고 한다. 이제는 문제 하나만 제대로 풀어보기로 약속했다.

3주 차: 작은 성취감 쌓기

10분 '타임 어택' 공부를 도입했다. "힌트 주실 수 있어요? 정답은 알려주지 마세요." 현승이가 처음 꺼낸 이 말은 자기 효능감의 시작이었다. 해설을 보고 쉽게 공부하려는 마음 대신 시간이 걸리더라도 스스로 고민해서 풀 수 있을 거라는 믿음이 생긴 것이다. 힌트를 5번 받아서 푼 문제도 현승이가 푼 문제로 인정해 줬다.

4주 차: 설명하고 쓰는 공부법 도입

'설명 30초' 그리고 '백지 3줄' 공부법을 시작했다. 배운 개념을 30초 동안 설명하고 백지에 3줄로 쓰는 공부법을 적용해 봤다. 칠판 앞에서 현승이는 20초 동안 말문이 막히다 마지막 10초간 핵심을 말해냈다. 그때 현승이의 눈빛이 바뀌었다. 이해한 것을 말로 설명할 수 있다는 자신감이 생긴 것이다.

5주 차: 게임 시스템 적용

문제집 한 권을 퀘스트로 설정했다. 그것에 맞춰 계획을 세우고, 일일 보상으로 스마트폰 30분, 주간 보상으로 친구와 자유로운 외출, 문제집 완료 보상으로는 놀이공원 나들이를 약속했다.

6주 차 이후: 변화와 성과

원래 50~60점대였던 점수가 90점대로 올라왔다. 현승이는 수학이 여전히 쉽지는 않지만, 제일 재미있다고 한다. 이때를 기점으로 현승이는 수학을 더욱 잘하게 되었다. 현승이가 수학을 싫어하기 이전,

어릴 때 수학에서 느낀 좋은 감정들을 되살려주고, 부정적인 감정을 제거해 줬다. 이런 노력 덕분에 현승이는 가장 좋아하는 과목으로 수학을 뽑을 정도로 수학 공부의 즐거움을 되찾았다.

🎓 공부 의욕을 꺾는 부정 감정 털어내기

현승이의 이야기를 통해 알 수 있듯이 우리는 공부하는 과정에서 여러 감정을 경험한다. 명확한 답을 향해 나아가는 과정에서 느끼는 성취감과 같은 긍정적인 감정도 있지만, 많은 학생이 수학에서 부정적인 감정을 느끼기 쉽다. 수학 시간에 선생님이 자신을 지목해서 수학 문제를 풀게 시킬까 봐 두려웠던 감정, 다른 과목에 비해 공부하는 만큼 성적이 오르지 않아 받았던 스트레스 등. 현승이가 처음 학원에 왔을 때 "수학이 제일 문제예요. 절 너무 힘들게 해요"라고 한 것처럼, 많은 노베이스 학생이 수학 앞에서 두려움과 좌절감을 느낀다.

그래서 본격적인 공부를 시작하기 전, 수학에 대한 나쁜 감정과 좋은 감정들을 다 적어보아야 한다. 이 과정을 거치는 대부분의 학생이 수학에는 좋은 감정이 없다고 한다. 하지만 잘 생각해 보면 수학을 공부하는 과정에서 아주 작은 일이라도 한두 개쯤은 좋았던 경험이 있을 것이다. 그 경험은 훗날 수학에 대한 긍정 경험을 누적하는 데 도움이 된다.

현승이의 경우, 내비게이션에서 현재 속도와 거리를 보고 예상 도착 시간을 맞추는 경험을 떠올렸다. 이외에도 개념을 이해하고 문제를 내 손으로 풀었을 때 느낀 짜릿함을 기억하고 있었다. 현승이와 같은 경험이 아예 없다고 해도 괜찮다. 우리의 가장 중요한 목적은 부정적인 감정을 승화하는 것이다.

부정적인 감정 리스트

불안감 "다른 친구들보다 뒤처지는 거 아니야?"

열등감 "난 원래 수학 머리가 없어."

자기혐오 "왜 나만 이해를 못하지?"

무력감 "아무리 공부해도 점수가 안 올라."

우울감 "수학 공부만 시작하면 우울해."

이 목록에서 나온 감정들을 느껴본 적 있는지 돌아보자. 이 부정적인 감정들을 제거하기란 쉽지 않다. 우리가 흔히 말하는 트라우마나 악몽같이 부정적인 감정들은 기억에 오래 남기 때문이다. 그래서 많은 전문가는 이 감정들을 인지하는 것이 우선이라고 말한다. 따라서 다음 방법을 따라 부정적인 감정을 해소해 보자.

1단계: 부정적인 감정 인지하기

'내가 기초도 잘 모른다는 사실이 드러날까 봐 두려웠구나' '학원 선생님이 혼낸 이후로 수학 문제를 푸는 게 무서워졌구나' '잘하는 친구랑 나를 비교하면서 저렇게는 못 할 거라고 혼자 좌절했구나'.

이렇게 내가 수학에 가진 생각을 솔직하게 적어보자. 감정을 인지하는 것만으로도 우리 뇌는 객관적으로 자기 자신을 볼 수 있도록 만든다.

2단계: 과거의 자신과 화해하기

학교 수학 선생님께 혼이 났다고 해보자. "왜 이런 쉬운 문제도 못 풀어?" 그러면 대부분의 사람은 기분이 나쁘다. 자존심이 상할 수 있고, 선생님에 대한 반감이 커질 수 있다. 사람마다 기분이 나쁠 때 받아들이는 자세는 다르다. 이때 내 자아를 손상시키는 방향으로 생각하는 버릇을 들이면, 나를 다치게 만드는 대상에 대해 부정적인 감정이 쌓일 수밖에 없다.

이렇게만 들으면 어려울 수 있으니, 예시를 들어보자. 어느 날, 진수와 가희는 둘 다 문제 하나를 못 푼 걸로 생각보다 크게 혼이 났다. 이때 진수는 '선생님이 조금 예민하신가 보네. 사과하고 다음에는 조금 더 열심히 해보지 뭐'라고 생각하며 자신의 마음을 지켜냈다. 반면 가희는 '아, 내가 문제지. 내가 잘못 생각해서 선생님이 화나셨네. 난 정말 왜 이렇게 부족할까?'라며 자책에 빠졌다.

가희처럼 생각하는 순간 무의식에서는 수학 선생님과 관련된 모든 것에 벽을 세우기 시작한다. 선생님이 나를 혼내는 원인을 계속 생각하다보면 수학 자체에 대해서도 나쁜 감정을 느끼고, 이러한 경험과 감정이 누적되면 끝내 수포자가 되기 쉽다.

모든 문제를 내 탓으로 돌리는 버릇이 있는, 마음이 여리고 착한 학생에게서 이러한 사고 패턴을 많이 볼 수 있다. 이때 선생님에게 혼난 자신의 경험은 이미 끝난 일이라는 것을 명심해야 한다. 수학 문제 하나를 틀린 것이 내 재능과 지능의 문제가 아니라, 그 외의 원인으로도 발생할 수 있다는 사실을 인지해야 한다.

1단계에서 나의 부정적인 감정을 인지했다면, 그 상황으로 돌아가서 과거의 '나'를 쳐다보자. 그리고 내가 문제라고 생각하는 과거의 나에게 화해의 말을 건네보자. "수학 선생님도 사람이니까 실수하는 거야. 모든 건 네 잘못이 아니야" "억울하게 혼나고 있는 거야. 너를 탓할 필요 없어"라고 말이다.

3단계: 긍정적인 감정 쌓이기기

이렇게 과거의 부정적인 감정과 화해했다면, 지금부터는 수학에 대한 긍정적인 감정을 만들면 된다. '당장 수학을 못 하는데, 긍정적인 감정을 쌓을 수 있을까? 수학에 어떻게 긍정적인 감정이 생긴다는 거지?'라는 생각이 들 수 있다. 어떤 것에 긍정적인 감정을 만들기 가장 좋은 첫 단계는 '아주 작은 성공 경험'이다. 기본 문제 하나를 풀더라도 그것에 의미를 만들고 성취감을 계속 느껴보자.

한 문제를 풀고 기뻐하는 모습을 보며 주변 친구가 "이렇게 쉬운 문제 하나 풀었다고 뭘 그리 좋아하냐"라고 타박할 수 있다. 이런 타인의 반응에 신경 쓸 필요는 없다. 아주 작은 일이라도 성취감은 쌓이고 쌓여서 나중에는 훨씬 더 큰 성취감과 최고 성적까지도 가져다준다. 그러니 문제를 풀어냈을 때마다 자랑스럽게 생각하자. '그래도 하나 풀어냈다. 정말 잘했다'라고 스스로에게 말해주자. 아주 작은 성공 경험으로 시작을 잘 쌓아간다면, 그다음 과정은 게임을 하듯 즐겁게 할 수 있다. 갑자기 무슨 게임이냐고? 다음 내용에서 설명해 주겠다.

🎓 수학을 게임처럼 즐기는 법

수학을 마주하는 내 감정을 들여다본 다음에는 공부 동기를 찾아나서야 한다. 책《스타트 위드 와이》에서도 이를 강조한다. 어떤 일을 시작하기 전에 왜 이 일을 해야 하는지부터 분석한 사람이 그렇지 않은 사람보다 성공하기 쉽다는 것이다.

그럼 우리는 도대체 왜 수학을 공부해야 할까? 솔직히 나도 고등학생 때는 그 이유를 모르고 겉만 번지르르하게 포장했다. '이성적인 사고를 위해서 수학을 공부해야 해.' 이런 식이었다. 이런 모호한 공부 동기로는 당연히 의욕이 생기지 않았다. 그러다 보니 자연스레 공부보다 더 재밌는 것들에 눈길이 가게 되었다. 요즘 학생들도 나와 비슷하다.

학생들이 제일 좋아하는 것은 게임 그리고 SNS이다. 이 둘은 학습을 가장 많이 방해하는 요소다. 처음에는 학생들의 스마트폰 사용을 막으려고 했지만, 소용없었다. 창과 방패의 대결처럼, 학생들은 어떻게든 게임을 했다. 그렇다면 학생들이 왜 게임과 SNS의 유혹에서 빠져나오지 못하는지를 분석하고, 그 요인을 공부법에 녹여보고자 했다.

결론을 먼저 말하자면, 핵심은 보상과 불확실성이었다. 게임은 즉

각적이고 시각적으로 제공되는 보상인 '레벨 업'으로 우리를 끌어들인다. SNS는 '랜덤'하게 무작위적으로 제공되는 양질의 콘텐츠를 통해 우리가 스크롤을 멈추지 못하게 한다.

공부의 세계는 게임과 SNS의 세계와는 완전히 반대이다. 수학은 레벨이 정말 지독하게도 오르지 않고, 앞으로 해야 할 공부는 지루하게만 느껴진다. 그렇다면 공부를 게임이나 SNS처럼 업그레이드하는 방법은 없을까? 이게 잘 된다면 수학이 지금보다 3배는 더 재미있어질 것이다.

아직 현실에서 이런 공부법을 만나기는 쉽지 않다. 이런 시스템을 만든 책이나 학원도 아직까진 거의 없다. 그래서 내가 직접 효과를 본 방법 중 현실적인 실천법을 알려주고자 한다. 여기서 나와 함께 10분만 수학 게임 시스템을 설계해 본다면, 공부에 대한 마음가짐이 아예 달라질 것이다.

수학을 게임이나 SNS처럼 만들려면 그것의 핵심만 가져오면 된다. 게임의 '레벨 업'과 SNS의 '랜덤'을 적절히 섞으면 된다는 의미다. 무엇을 거창하게 바꾸는 것이 아니다. 당장 책상 위의 문제집 한 권으로도 할 수 있다. 일단 문제집 한 권을 푸는 것을 하나의 게임 퀘스트로 생각하는 것이다. 이렇게 실제로 문제집 한 권을 다 풀면 인생에 큰 변화가 찾아올까?

이건 확실하게 단언할 수 있다. 어떤 성적대에 있는 학생이든 문제집 한 권을 스스로 꾸준하게 푸는 것만으로 상위 10퍼센트에 다가갈 수 있다. 나는 그간 몇백 명의 학생을 상담하면서 항상 처음엔 이 질문을 던진다.

"문제집을 한 권이라도 제대로 푼 적 있니?"

이렇게 물어보면 대부분 아니라고 한다. 90퍼센트의 학생이 그렇다. 이 질문에 '그렇다'라고 답한 학생들을 지켜본 결과, 문제집 한 권을 꾸준하게 끝까지 풀기만 해도 성적이 오를 수 있고 변화할 수 있다는 사실을 믿게 되었다.

이제 문제집 한 권을 내 인생을 바꿀 새로운 퀘스트라고 생각해보자. 지금부터는 수학을 게임처럼 재밌게 공부할 수 있는 설계법을 3단계로 나누어서 설명하고자 한다.

1단계: 목표를 설정한다

먼저 목표 분량을 정한다. 책상에 쌓인 여러 권의 문제집을 보면서 압도당할 필요 없다. 이번 게임의 목표는 단 1~2권이다. 한 번에 너무 많은 퀘스트를 받으면 시작하기 전에 지쳐버린다. 첫 번째 문제집은 내가 70퍼센트 정도 풀 수 있는 약간 쉬운 난도의 책을 고르자. 첫 퀘스트에서 약간의 노력으로 충분히 클리어할 수 있어야 '해볼 만한데?'라는 자신감이 생기고, 성장의 즐거움을 느낄 수 있다.

그다음으로 이 퀘스트를 언제까지 완료할지 기간을 잡는다. 보통 시험 기간이나 방학 등 중요한 기간을 고려한다. 단, 예상치 못한 변수(수행평가, 가족 행사 등)가 생길 수 있으니, 항상 일주일 정도의 여유 시간은 빼놓고 최종 기간으로 설정하자.

현수의 목표 설정 예시

현수는 저번 시험에 60점을 받았다. 기본 문제는 어느 정도 풀 줄 아는데, 응용문제만 만나면 너무 어렵다고 느낀다.

① 분량 설정: 기초 문제집은 전부 풀 수 있기 때문에, 응용 문제집 1권 [쎈] 그리고 심화가 조금 섞여 있는 응용 문제집 1권 [일품]을 선택했다.

② 기간 설정: 현수는 6주 뒤에 오는 시험을 중요하게 생각한다. 계획에 변수가 생길 수 있으므로, 5주 동안 문제집 2권을 풀어보기로 계획을 잡았다.

2단계: 일일 퀘스트 및 전략을 수립한다

설정한 기간 내에 문제집을 끝낼 수 있게 전체 문제를 일(日) 단위로 나눈다. 이것은 나 자신이 하루에 수행해야 할 '일일 퀘스트'가 된다. 각자 사정이 다르기 때문에, 주말을 쉬거나 삼 일에 하루는 쉬는 등의 조정은 가능하다.

일일 계획을 바탕으로 주간 계획표를 만든다. 못 푸는 문제를 고려해서 여유 있게 계획을 세운다. 모든 문제를 푸는 것보다 여유를 두고 생각하는 게 더 중요하다. 예를 들어 20문제를 풀고자 정한 시간 내에 5문제를 못 푸는 친구는 이렇게 계획을 짜보자. 하루 문제 풀이량을 20문제로 두고, 못 푼 5문제는 다음 날로 넘겨서 또 고민해 보는 것이다.

3단계: 보상 시스템을 설계한다

계획보다 중요한 것은 동기 부여다. 어떤 동기 부여를 통해 수학을 게임처럼 만들 것인지를 정해야 한다. 하지만 우리는 아직 청소년이기 때문에 혼자서 보상을 정하기는 어렵다. 부모님과 함께 협상해서 보상을 결정해야 한다. 이런 과정을 통해서 학생은 흥미 없던 공부에 주도권과 책임감이 생긴다.

보상 시스템은 이렇게 세분화하는 것이 효과적이다.

먼저 일일 보상을 정한다. 이 보상은 '일일 퀘스트'를 완수했을 때 즉시 주어진다. 공부하는 것과 보상을 계속 뇌에서 연결 짓게 되어 빠르게 공부에 재미 붙일 수 있게 된다.

그다음에는 주간 보상을 정해본다. 이건 일주일 계획을 성공적으로 마쳤을 때 주어진다. 일일 보상보다는 더 크게 보상한다. '친구들과 주말 외출'이나 '하고 싶은 게임하기' 등 본인이 주말에 하고 싶은 것이 무엇인지 생각해서 정하면 된다.

마지막으로는 문제집 한 권을 드디어 다 풀었을 때 받을 보상을 정한다. 가장 크게 기대하는 것을 보상으로 넣어두고 생각만으로도 행복해지는 동기 부여를 느끼자.

보상 시스템은 다음과 같이 설계하면 된다.

현수의 보상 시스템 예시

① 일일 보상

  - 스마트폰 1시간 자유 이용권

  - 좋아하는 간식 먹기

  - 웹툰 3편 보기

② 주간 보상 (다음 중 택일)

  - 친구들과 주말 외출하기

  - 하루 종일 하고 싶은 게임하기

  - 원하는 물건 만 원 내로 자유 구매하기

③ 문제집 마스터 보상

  - 놀이공원 가기

  - 원하던 물건 3만 원 내로 자유 구매하기

현수는 원래 ADHD 성향을 진단받으며 학습에 어려움을 겪었던 아이지만, 이렇게 게임처럼 보상 시스템을 도입한 후에 한 달간 공부에 완벽하게 몰입했다. 문제집 한 권도 끝까지 풀어본 적 없던 친구가 본인 힘으로 보상을 얻기 위해서 한 달 안에 한 권을 끝냈다. 성적이 급상승한 것은 물론이고, 다른 더 어려운 문제집을 끝내려고 스스로 주간 계획을 세우고 있었다.

　이렇게 게임을 이용하면 스스로 공부의 주도권과 책임감을 만들수 있다. 이것이 바로 지루한 수학 공부와 내 인생의 레벨을 동시에 올리는 게임이다. 책상 위 문제집 한 권이라도 이렇게 게임 시스템을 도입해 보자. 5보 전진이 눈앞에 있다.

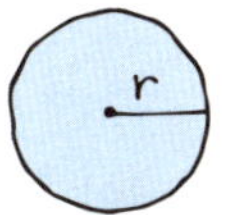

출제자의 마음속
의도부터 읽어라

학교 시험과 학교 외 시험 둘 중 무엇이든 출제자와 학생은 창과 방패 같은 관계다. 출제자는 새로운 창(유형)을 만들어서 시험의 변별력을 만들어야 하고, 학생은 새로운 방패(공부)를 통해서 자신의 성적을 지켜내야 한다. 사실 이 싸움에서 주도권은 창 쪽에 있다고 봐야 한다. 수학 시험의 난이도는 최대치가 없다고 봐도 무방하기 때문이다. 그래서 같은 과목을 배워도 자사고나 과학고의 문제지는 극악 난이도를 자랑하는 것이다.

물론 일반 학교에서 시험 문제가 극악의 난이도로 나올 확률은 적다. 그러나 그런 확률을 결정하는 것은 오로지 출제자의 몫이다. 창이 싫든 좋든 생존을 위해서 방패는 창에 맞설 준비를 해야 한다. 어떤 준비를 해야 할지 하나씩 보여줄 것이니 잘 따라와서 최강의 방패를 만들어보자.

 ## [학교 시험] 출제자를 분석하는 네 가지 방법

학교 시험은 출제자의 영향력이 거의 100퍼센트에 가깝다고 봐도 된다. 그래서 선생님의 마음을 읽는 일이 굉장히 중요하다. 그 마음이 드러나는 순간을 잘 찾아야 한다. 이를 심리학 용어로 '프로파일링'이라고 한다. 프로파일링은 대상에 대한 정보를 수집하고 분석하여, 그 대상의 특징이나 행동 패턴을 파악하는 일련의 과정을 뜻한다. 정확히 우리가 해야 하는 일과 똑같다.

간혹 학교 시험에서 출제자를 분석하는 프로파일링 방식에 대해 거부감을 가지는 사람들이 있다. 선생님을 수단으로 본다고 느끼기 때문이다. 하지만 여기서 말하는 분석은 누군가를 이용하는 것이 아니라 시험 자체를 더 잘 이해하기 위한 과정이다. 실제로 이 방식으로 수업을 듣는 학생들은 선생님이 어떤 기준으로 문제를 내는지를 이해하게 된다. 나아가 수업과 시험 출제를 위해 선생님이 기울이는 노력을 알게 되어 수업 시간에 좋은 태도를 보이게 된다고 말하기도 한다.

1. 모든 흔적을 수집하라

이전 파트에서 기출문제나 프린트물이 중요하다고 이야기했다. 하지만 프로파일링은 거기서 한 단계 더 나아가야 한다. 이제부터 탐정처럼 선생님의 사소한 말과 행동까지 수집해야 한다.

가장 결정적인 흔적은 선생님의 목소리와 말투에 있다. 평소와 달리 특정 개념이나 문제를 설명할 때 갑자기 목소리 톤이 높아지거나, 말이 빨라지거나, 똑같은 말을 3번 이상 반복할 때가 있다. 이 부분이 바로 출제자인 선생님이 '여기가 중요해!'라고 알려주는 무의식적인 신호다.

반대로, 교과서의 어떤 문제는 대충 설명하고 슬쩍 넘어갈 수도 있다. 그 문제는 시험에 나올 확률이 낮다. 그렇다고 해서 확률이 0퍼센트는 아니다. 우리는 공부하지 않으려는 게 아니라 중요한 것을 중심으로 공부하려는 것임을 기억하자.

선생님의 동선, 시선과 같은 몸짓도 중요하다. 수업 시간에 특정 친구에게 질문을 많이 던지는 단원이 있다면, 그 단원은 변별력을 가르는 문제로 출제될 가능성이 크다. 선생님의 눈빛, 제스처, 칠판에 필기하는 글씨의 크기 변화까지, 생각보다 많은 요소가 시험의 난이도와 출제 범위를 암시하는 정보다. 이런 정보들을 교과서나 노트에 꾸준히 기록해 두는 것만으로도 우리는 다른 친구들보다 훨씬 유리한 고지에서 시험 준비를 시작할 수 있다.

2. 암호를 해독하라

수집한 흔적들을 바탕으로 선생님만의 고유한 출제 스타일, 즉 '시그니처'를 찾아야 한다. 이것은 선생님이 단순히 어떤 유형을 많이 낸다는 것을 넘어, 문제를 제작할 때의 철학을 파악하는 것이다.

예를 들어, 선생님이 '조건 꼼꼼히 읽기'를 유독 강조한다고 해보자. 그렇다면 시험에는 분명 'x는 자연수' '단, a는 0이 아니다'와 같은 작은 조건을 놓치면 틀리는 함정 문제가 포함될 것이다.

반대로 '다양한 풀이'를 좋아할 수도 있다. 이때는 정석대로 풀면

5분이 걸리지만 특별한 풀이법을 알면 30초 만에 풀 수 있는 문제를 내서 학생들의 수학적 센스를 시험할 것이다.

서술형 채점 방식도 강력한 시그니처 중 하나이다. 과정의 논리만 맞으면 답이 틀려도 부분 점수를 후하게 주는지 아니면 답이 틀리면 가차 없이 0점 처리하지만, 사소한 단위(cm, kg 등) 실수는 너그럽게 넘어가는지도 확인해 볼 수 있다.

이 시그니처를 알면 서술형 답안지를 어떻게 작성해야 시간을 아끼고 점수를 최대로 받을 수 있는지 전략을 짤 수 있다. 기출문제에 서술형 답안지나 채점 기준표가 있다면 참고해 보자. '우리 선생님은 이런 스타일이시구나' 하고 감을 잡을 수 있을 것이다.

3. 미래를 예측하라

이제 우리가 직접 출제자가 되어보자. 어렵게 생각할 것은 없다. 선생님이라면 문제를 어떻게 낼지 예측해 보는 것이다. '선생님 관찰 노트'와 해독한 '시그니처'를 바탕으로 '나만의 모의고사'를 만들어보자. 직접 모의고사 형태로 문제를 만들 필요는 없다. 몇 가지 문제들을 살펴보는 것만으로 가장 강력하게 시험 대비 훈련을 할 수 있다.

방법은 간단하다. 선생님이 나눠준 프린트물이나 기출문제 중 가장 '선생님 스타일'이라고 생각되는 문제를 하나 고른다. 그리고 내가 선생님이었다면 이 문제를 어떻게 비틀어 학생들을 괴롭힐지 상상해 본다. 숫자를 더 복잡하게 바꾸고, 그래프를 평행 이동시키고, 문제의 질문을 '넓이를 구하시오'에서 '넓이가 최대일 때의 x값을 구하시오'로 바꿔본다.

특히 학생들이 자주 하는 실수를 이용해 매력적인 오답을 상상해 보는 연습도 도움이 된다. 이렇게 직접 함정을 파보는 경험을 하면, 실제 시험장에서 출제자가 파놓은 함정을 귀신같이 발견하고 피할 수 있게 된다.

4. 출제자를 능가하라

'출제자를 (역으로) 능가한다'는 말의 의미는 출제자의 예측 범위를 뛰어넘는 공부를 한다는 뜻이다. 이 단계는 급할 것 없이, 7단계 공부법을 한 바퀴 끝내고 돌아와서 해도 늦지 않다. 지금 중요한 것은 우리의 목적지가 어디인지를 아는 것이다. 이전 단계까지 따라왔다면 이제는 선생님이 그어놓은 안전선에 쓰인 '여기까지만 공부하면 돼'라는 말을 의심하고 그 너머를 탐험하는 용기를 발휘해 보자.

가장 대표적인 것이 선생님이 수업 시간에 소개하는 '다양한 풀이'다. 대부분의 학생은 한 문제의 여러 가지 풀이 중 가장 쉬운 풀이 하나만 기억하고 넘어간다. 하지만 출제자의 예상을 뛰어넘고 싶다면, 모든 풀이 방법을 익혀야 한다.

왜 이 문제에서 여러 풀이가 가능한지 그 원리를 파고드는 연습을 하는 것이다. 더 나아가, '만약 문제의 조건이 이렇게 바뀐다면 어떤 풀이는 더 이상 쓸 수 없게 될까?'까지 고민해 보면 더 좋다.

이 경지에 이르면, 우리는 더 이상 선생님이 내는 문제를 수동적으로 풀지 않게 된다. 어떤 변형 문제가 나와도 대처할 수 있고 문제의 본질을 꿰뚫어 보는 시야를 갖게 된다. 시험장에서 문제를 보고 당황하는 것이 아니라, "역시, 이 개념을 이렇게 응용하실 줄 알았어"

라며 출제자의 의도를 간파하고 미소 짓는 경지에 오를 수 있다.

 [학교 외 시험] 기출은 모든 답을 알고 있다

고등학생만 되면 학교 시험 말고도 많은 시험을 본다. 지금 당장 시험을 볼 일이 없어도 가까운 미래에 맞이할 일이니, 학교 외 시험에는 어떻게 대비할지 미리 알아두자.

학교 시험이 눈앞의 '사람'을 분석하는 게임이라면, 모의고사와 수능은 모습이 보이지 않는 거대한 '시스템'을 상대하는 것과 같다. 출제자가 누군지, 어떤 성향을 가졌는지 알기란 너무 어렵다. 마치 안갯속에서 정체 모를 거대 괴수와 싸우는 기분이다. 하지만 우리에게는 그 괴수가 남긴 유일하고도 가장 확실한 흔적이 있다. 바로 '기출문제'다.

앞에서는 기출문제를 많이 풀어보는 것의 중요성을 이야기했다면, 여기서는 양보다 질에 집중하는 전략을 알려주고자 한다. 지금부터는 단순히 문제를 많이 푸는 것을 넘어, 기출문제를 통해 보이지 않는 출제 시스템의 '의도'와 '패턴'을 읽어내는 탐정이 되어보자.

1. 문제의 '설계도'를 분석하라

기출문제를 풀고 채점한 뒤 해설지를 보고 이해하는 것에서 멈추면 딱 절반만 공부한 것이다. 진짜 공부는 문제의 설계도를 분석할 때 시작된다. 최근에 공부하면서 가장 어려웠던 문제를 하나 골라 해부해 보자. 이때 다음 네 가지를 고려하면서 문제를 해부하면, 하나의 문제로 서너 문제 푸는 것 같은 효과를 볼 수 있다.

① 개념 해체: 이 문제를 풀기 위해 어떤 단원의 어떤 개념들이 동원되었는가? → 개념들이 어떻게 유기적으로 엮여 있는지 그 연결 고리를 파악해야 한다.

② 조건의 역할: 문제에 주어진 조건 (예를 들어, '단, x는 정수') 하나하나가 어떤 역할을 하는가? → 만약 그 조건이 없다면 답이 어떻게 달라지는지 시뮬레이션해 본다. 이를 통해 출제자가 어떤 함정을 파두었는지도 알 수 있다.

③ 논리의 흐름: 풀이 과정이 A→B→C로 진행된다면, 왜 하필 B인가? → 풀이 과정에서의 논리적 필연성을 스스로에게 설명할 수 있어야 한다. 이 부분을 설명할 수 없다면, 그 문제를 이해했다고 볼 수 없다. 다음에도 같은 부분에서 막힐 것이기 때문이다.

④ 매력적인 오답 분석: 왜 1번이 아니라 3번을 답으로 골라 틀렸을까? → 그 3번 선택지는 어떤 착각이나 계산 실수를 노리고 만들어졌는지 분석해야 한다. 오답 선택지를 분석하다 보면 출제 시스템이 학생들의 어떤 약점을 집중적으로 공략하는지 알 수 있다.

2. '닮은꼴'이 아닌 '가치관'이 같은 문제를 찾아라

많은 학생이 숫자나 그림만 바꾼 닮은꼴 문제만 반복해서 푼다. 하지만 진짜 실력은 겉모습은 전혀 다르지만, 문제를 해결하는 핵심 아이디어나 가치관이 같은 문제들을 꿰뚫어 볼 때 성장한다.

예를 들어, '소금물의 농도' 문제와 '두 사람이 일을 끝내는 데 걸리는 시간' 문제는 겉보기엔 전혀 다르다. 하지만 두 문제 모두 전체 양을 미지수로 놓고 방정식을 세운다는 동일한 가치관을 공유한다. 여러 해의 기출문제를 풀면서 이런 문제들을 스스로 연결하고 그룹화하는 연습을 해보자.

'아, 이 문제도 결국 좌표 평면 위에 점을 찍어서 푸는 문제구나' '이 문제도 결국 전체 경우의 수에서 반대의 경우를 빼서 푸는 문제네'와 같이 문제의 본질을 파악하는 훈련을 반복하면 된다. 머지않아 시험장에서 처음 보는 신유형 문제가 나와도 당황하지 않고 익숙한 가치관을 적용해 풀어낼 수 있을 것이다. 다음 두 문제를 보자.

[문제 1]

[두 사람이 일을 끝내는 데 걸리는 시간] 갑, 을 두 사람이 15일 동안 함께 작업하여 끝마칠 수 있는 일이 있다. 이 일을 갑이 먼저 14일 동안 작업한 뒤에 을이 18일 동안 작업하여 끝마쳤다고 할 때, 을이 혼자서 이 일을 한다면 며칠이 걸리겠는지 구하시오.

[문제 2]

> [소금물의 농도] 2%의 소금물 xg과 10%의 소금물 yg을 섞어서 8%의 소금물 800g을 만들었다. 이때 $y - x$의 값은?

두 문제의 겉모습은 완전히 다르다. 하나는 일이고, 다른 하나는 소금물을 다루고 있다. 하지만 풀이를 나란히 놓으면 놀랍게도 같은 구조가 보인다.

	문제 1	문제 2
전체 기준 설정	전체 일의 양 $= 1$	전체 소금물 $= 800$g
미지수	$x =$ 갑의 하루 작업량, $y =$ 을의 하루 작업량	$x =$ 2% 소금물의 양, $y =$ 10% 소금물의 양
등식 1 (부분의 합=전체)	$15x + 15y = 1$	$x + y = 800$
등식 2 (조건 합=전체)	$14x + 18y = 1$	$\dfrac{2}{100}x + \dfrac{10}{100}y = 800 \times \dfrac{8}{100}$
두 문제가 동시에 공유하는 가치관 "전체를 기준점으로 설정하고, 식을 설정한다"		

숫자와 소재만 바꾸면 물탱크 문제, 청소 문제 등도 전부 이 표의 구조 안에 들어올 수 있다.

3. 나만의 '기출 사용 설명서'를 만들어라

모든 기출문제를 똑같은 무게로 다룰 필요는 없다. 자신의 현재 실력에 맞춰 전략적으로 접근해야 한다.

① 70점 이하: 지금은 고난도 문제에 집착할 필요가 없다. 3점짜리 문제와 쉬운 4점짜리 문제만 완벽하게 정복한다는 목표를 세우자. 이 문제들만 다 맞아도 성적은 몰라보게 오른다. 어려운 문제는 해설지를 보며 아이디어 구경하는 정도로 충분하다.

② 70점~90점: 이제부터가 진짜 싸움이다. 준킬러급 문제, 즉 적당히 어려운 4점짜리 문제들을 집중 공략해야 한다. 한 문제당 최소 10분 이상은 스스로 고민하는 시간을 가져야 한다. '4단계 타임 어택' 공부법을 적용하면 효과적이다. 막혔을 때는 바로 해설지를 보기보다는, 개념서를 다시 찾아보면서 버티는 힘을 길러야 한다.

③ 90점 이상: 이제 기출문제를 가지고 놀아야 한다. 킬러 문항을 20분 이상 물고 늘어지며 다양한 풀이법을 연구하고, 더 효율적인 풀이는 없는지 탐구해야 한다. 더 나아가, 기출문제를 직접 변형해 보고 고민해 보는 훈련도 굉장한 도움이 된다.

이처럼 기출문제는 모든 학생에게 똑같은 의미가 아니다. 자신의 실력에 맞는 '기출 사용 설명서'를 만들고 그에 따라 공부한다면, 눈에 보이지 않는 거대한 시스템을 이길 수 있는 최강의 방패가 완성될 것이다.

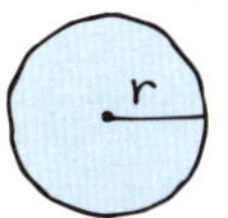

'아는 척'은 이제 그만, 백지 공부법

"문제가 안 풀리면 개념으로 돌아가야 한다."

수학 공부를 하면서 귀에 못이 박히도록 들은 말일 것이다. 이 말에 대한 생각은 다 다르다. 어떤 유명 강사는 이렇게 말하고, 또 다른 강사는 "개념 볼 시간이 어딨어. 바로 문제 풀면서 개념 익히는 거지"라고 말하기도 한다. 둘 다 일리 있는 말이지만, 우리는 본질을 놓치고 있다. 개념을 먼저 익혀야 한다는 순서가 공부의 본질은 아닐 것이다. 그렇다면 무엇이 중요할까?

개념을 공부하는 '방법'이 중요한 것이다. 그런데 정작 학교에서도, 심지어 사교육의 중심지인 학원에서도 이를 자세히 알려주지 않는다. 혹시 나도 모르는 새 개념 수업 듣고, 기본 문제 몇 개 푼 다음, 까먹으면 다시 개념 수업을 듣는 쳇바퀴를 반복하고 있던 것이 아닐까? 그렇다면 이번 장에서 그 지긋지긋한 굴레를 끊어낼 방법을 찾아보자. 도대체 개념 공부는 어디까지, 어떻게 해야 할까?

 '앎의 착각'을 부수는 백지 복습

백지 복습은 개념을 제대로 익히기 위한 가장 간단한 공부법 중 하나다. 공부가 끝나면 다른 자료를 하나도 참고하지 않고 백지 위에 내가 공부한 모든 내용을 써본다. 다 써본 후에 몰랐던 내용, 틀린 내용을 다른 색 펜으로 표시하면서 개념을 확실하게 이해하는 것이다.

이렇게 공부한 내용을 써보고 점검하면서 내가 얼마나 알고 있는지 알 수 있다. 우리는 해설지를 보거나 선생님의 풀이를 들으면 그 순간에는 다 이해했다고 착각한다. 이것이 바로 '앎의 착각'이다. 그러나 막상 혼자 문제를 풀려고 하면 손도 못 대는 경우가 빈번하다. 백지 복습은 바로 이 위험한 착각을 박살 내고, 내가 진짜 아는 것과 안다고 착각하는 것을 정확하게 구분해 준다.

물론 이 과정은 고통스럽다. 솔직히 말해 나도 백지 복습을 하면서 배운 내용의 30퍼센트도 못 채울 때가 있었다. 그럴 때면 공부한 의미가 있나, 라는 생각에 자괴감이 들기도 했다. 그래서 많은 학생이 백지 복습을 싫어한다. 특히 수학은 역사나 사회 과목보다 외워야 할 개념이 적다고 생각해 소홀히 하기 쉽다.

그러나 수학이 외워야 할 양이 제일 적기 때문에 오히려 제대로 외워야 한다. 건성으로 외우고 문제로 향하면 어김없이 사고가 터진다. '아, 뭐였지?' 하면서 다시 개념으로 돌아오고, 개념을 본 직후에 문제를 푸니 그건 공부가 아니라 그냥 '베껴 쓰기'가 된다. 이건 굉장히 비효율적인 공부이다.

시연이라는 친구도 그랬다. 나를 만나기 전에는 아무리 공부해도 성적이 60점 위로 오르지 않았다. 시연이는 본인이 개념은 이미 다 알고 있다고 생각하고 문제 풀이에만 집중했다. 그런데 문제 풀이를 남들보다 아무리 빠르게 시작하고 시간을 많이 투자해도 성적은 그대로였다. 그야말로 밑 빠진 독에 물 붓는 느낌이었다.

나는 시연이와 일주일간 백지 복습만 진행했다. 백지 위에 공부한 것을 다 쓰고, 못 쓴 내용을 다시 보충하기를 반복했다. 개념을 90퍼센트 이상은 알고 있을 거라 자신하던 시연이는, 막상 써보니 50퍼센트도 제대로 알지 못했다. 예를 들어, 시연이는 삼각형의 외심이 '세 변의 수직이등분선의 교점'이라는 사실은 알았지만, 왜 그 점에서 각 꼭짓점까지의 거리가 같은지는 설명하지 못했다. 이렇게 'Why'가 빠져 있었기 때문에 응용문제를 풀 수 없던 것이다.

충격을 받은 시연이는 다시 일주일간 혼자서 백지 복습을 하며 개념을 90퍼센트까지 자기 것으로 만들었다. 이 상태에서 다시 문제를 풀었을 때 시연이는 전과는 다르게 개념을 떠올리면서 문제를 풀기 시작했다. 기본 문제이기는 했지만, 몇 문제를 술술 풀어가면서 "아니 이게 왜 풀리지?" "대박" 감탄사를 연신 외쳤다. 이 경험을 통해 원래 끈기가 있던 시연이는 자기 확신이라는 매우 큰 무기도 얻었다. 끈기와 자기 확신의 결합으로 시연이는 70점, 80점 나아가 100점까지 받을 수 있었다.

시연이의 백지 복습 예시

1. 삼각형의 외심 뜻

답: 삼각형의 세 변의 수직이등분선이 만나는 점(교점)

2. 삼각형의 외심에서 각 꼭짓점까지의 거리가 같은 이유

답: 수직이등분선 위의 점은 선분의 양 끝점까지 거리가 같다. 따라서 삼각형의 두 변의 수직이등분선이 만나는 점에서는 세 꼭짓점까지의 거리가 모두 같아진다.

3. 내심과 외심의 차이

답: 내심은 내접원의 중심을 의미하며 세 각의 이등분선의 교점이다. 외심은 외접원의 중심으로, 세 변의 수직이등분선의 교점이다.

시연이의 사례에서 알 수 있듯이 수학 개념을 확실하게 공부하지 않으면 밑 빠진 독에 물 붓는 것과 같다. 외워야 할 부분은 확실하게 외우고 넘어가야 한다. 이를 위한 가장 좋은 공부법은 무엇일까? 그렇다. 백지 복습이다.

백지에 담겨야 할 가장 중요한 세 가지

"알겠어요. 백지 복습이 좋은 건 알겠는데, 그래서 뭘 어떻게 써야 하나요?" 이런 질문이 바로 나올 것이다. 맞다. "개념을 쓰세요"라는 말은 너무 막연하다. 모든 수학 개념은 크게 세 가지로 이루어져 있다. 이 세 가지 기준에 맞춰 백지를 채워나가면 된다.

첫 번째, 개념의 배경과 정의 (Why & What)

가장 먼저 교과서나 개념서를 보면서 이 개념이 왜 등장했는지에 대한 배경^{Why}과 그래서 이 개념이 무엇인지에 대한 정의^{What}를 적는다. 역시 과목을 공부하듯 스토리텔링으로 접근하면 좋다.

예를 들어 '삼각형의 외심'을 공부한다면, "삼각형 세 변의 수직이등분선은 신기하게도 딱 한 점에서 만나네? 이 특별한 점에 '외심'이라는 이름을 붙여주자!"와 같이 그 탄생 배경을 이해하자. 그리고 그 아래에 '외심=삼각형 세 변의 수직이등분선의 교점'이라는 명확한 정의를 적는다.

이 정의는 수학에서의 약속이므로, 토씨 하나 틀리지 않고 정확하게 외워야 한다. 외심의 특징(성질)들, 예를 들어 '외심에서 세 꼭짓점에 이르는 거리는 같다'와 같은 내용도 여기에 포함된다.

두 번째, 가장 중요한 활용 방법 (How)

이 개념을 문제 풀이에 어떻게 써먹을 것인가^{How}를 정리하는 단계다. 솔직히 이 부분이 가장 애매하고 어렵다. 왜냐하면 대부분의 교과서나 개념서에는 이런 친절한 '문제 풀이 설명서'가 없기 때문이다. 《쎈》이나 《고쟁이》 같은 유형 문제집들은 문제 풀이법을 코드처럼 정리해 두었지만, 그건 그 책의 방식일 뿐이다. 그래서 많은 학생이 개념은 알아도 문제는 못 푸는 비극을 겪는다.

또한 가르치는 사람마다 이 부분에 대한 의견이 갈린다. 어떤 강사는 여러 유형의 풀이법을 미리 알려주고 문제를 풀게 한다. 반면 어떤 강사는 최소한의 설명만 하고 학생 스스로 문제와 씨름하며 배우게 해야 한다고 주장한다. 둘 다 일리 있는 말이다. 여기서 수학이 아직 어려운 학생이라면, 처음에는 잘 정리된 유형 풀이법을 배우고 따라 해보는 것을 추천한다. 우리의 최종 목적은 평소에 수학을 잘하는 것이 아니라, 시험에서 최고의 점수를 받는 것이기 때문이다.

그렇다면 백지에는 무엇을 적어야 할까? 바로 '나만의 문제 풀이 알고리즘'이다. 특정 유형의 문제들을 풀면서 그 풀이 과정의 공통적인 '생각의 순서'를 찾아내 정리하는 것이다. 예를 들어, 중학생들이 가장 괴로워하는 '소금물 농도' 문제를 위한 나만의 공략집은 다음과 같이 만들 수 있다.

소금물 농도 문제 공략집 예시

1. 핵심 도구 (공식)

농도(%) = (소금 / 소금물) × 100

소금의 양 = (농도 / 100) × 소금물

2. 문제 풀이 알고리즘 (생각의 순서)

① 그림 그리기

비커를 그려서 '섞기 전', '섞는 중', '섞은 후' 상황을 시각화

한다.

② 정보 기입

각 비커에 [소금물의 양], [농도], [소금의 양]을 적을 칸을

만든다.

③ 주인공 찾기

이 문제의 주인공, 즉 '변하지 않는 양'이 무엇인지 찾는다.

(대부분 소금의 양)

④ 방정식 세우기

(A 소금의 양) + (B 소금의 양) = (C 소금의 양)으로 식을

세운다.

3. 주의 사항 및 꿀팁

주의: 물만 넣거나 증발시키면 소금의 양은 그대로이다.

함정: 농도를 바로 더하거나 빼지 말 것! 반드시 소금의 양

으로 계산할 것.

증명 공부의 필요성에 대해서는 의견이 갈린다. 증명은 시험에 직접 나오는 경우도 적고 복잡하다 보니 많은 학생이 기피한다. 피타고라스의 정리만 해도 정리 자체는 간단하지만, 증명하려면 A4 용지 한쪽을 가득 채워야 한다. 이걸 전부 익히려면 2~3배의 시간이 더 걸린다.

그래서 증명은 공부하지 않아도 된다는 의견도 있지만, 나는 조금 생각이 다르다. 증명 공부는 상위권을 목표로 한다면 반드시 거쳐야 할 관문이다. 증명은 그 공식이나 성질이 왜 성립하는지 근본 원리를 논리적으로 파고드는 과정이기 때문이다. 증명을 직접 해보면 개념을 완벽하게 이해하게 되고, 응용문제에 대한 대처 능력이 비약적으로 성장한다. 그러니 개념을 처음 공부할 때는 잠깐 빼놓았다가, 문제 풀이가 어느 정도 익숙해졌을 때 상위권으로 도약하기 위한 무기로서 증명 공부에 도전해 보자.

정리하자면, 처음에는 '개념의 배경과 정의'와 '활용 방법' 두 가지를 중심으로 백지를 채워나가자. 그리고 실력이 붙었을 때 '증명'에 도전하며 개념의 깊이를 더하면 된다.

개념을 '말할 수 있어야' 한다

백지 복습의 최종 진화 형태는 바로 '설명하기'다. 백지에 쓴 내용을 보지 않고, 마치 내가 과외 선생님이 된 것처럼 설명할 수 있을 때

비로소 그 개념은 온전히 나의 것이 된다. 우리 모두가 설명 잘하는 사람이 공부도 잘한다는 것을 알고 있다. 그런데 이를 자기 자신에게 적용하기 쉽지 않은 이유는 무엇일까?

누군가에게 설명할 시간이 물리적으로 부족하기 때문이다. 대부분의 학생이 학교와 학원만 가더라도 공부에 쓸 시간과 에너지를 거의 다 소진해 버린다. 그러니 친구나 주변 사람에게 설명하면서 개념을 이해할 시간이 부족한 것이다.

그래서 나는 '혼자 설명하기'를 강력 추천한다. 인형을 앉혀놓고 설명해도 좋고, A4 백지 위에 쓰면서 설명해도 괜찮다. 나는 개인적으로 화이트보드를 선호했는데, 썼다 지우기가 편해서 부담이 없기 때문이었다. 다음 표에 여러 방법을 비교해 놨으니 이 중에서 자신에게 맞는 방법을 찾으면 된다.

백지 복습을 위한 도구들

수단	장점	단점
리갈패드 노트	줄이 있어서 정리가 쉽고, 뜯어서 보관하기 편하다.	A4 용지보다 비싸고, 한쪽 면만 사용하는 경우가 많다.
화이트보드	썼다 지우기 편해서 부담이 없고, 시각적으로 눈에 잘 들어온다.	초기 비용이 들고, 기록이 남지 않아 사진을 찍어야 한다.
A4 용지	가장 저렴하고 구하기 쉬우며, 공부 기록이 남는다.	수정이 어렵고, 많이 쓰면 지저분해 보일 수 있다.

수단(설명할 영역)을 정했다면 소리 내어 입으로 설명할 것인지 아

니면 속으로만 설명할 것인지도 정해보자. 독서실에서 공부해야 한
다면 속으로만 설명하는 공부법을 고르면 되고, 너무 답답해서 말하
고 싶다면 입으로 설명하는 공부법을 고르면 된다.

특히 다음 상황일 때 이용하면 다른 공부법보다 두 배 이상의 효
과를 볼 수 있다.

1) 시험 1~2주 전
2) 수학 개념을 처음 배웠는데 이해가 잘 안될 때
3) 헷갈리는 수학 문제를 꼭 풀어내고 싶을 때

자, 이제 공부하고 싶은 단원이나 개념이 있다면, 책을 보지 않고
바로 설명해 보자. 입 밖으로 꺼내면서 설명하다 보면 막히는 부분이
무조건 생긴다. 바로 그 부분이 내 약점이다. 그렇게 하나씩 약점을
제거하다 보면 어느샌가 완벽하게 설명할 수 있게 된다. 설명하는 능
력은 다른 과목에서도 모두 필요하기 때문에 공부 전체에 선순환이
될 것이다.

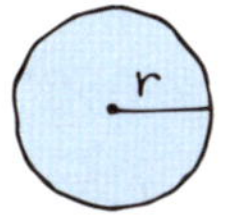

4단계
문제를 보면 풀이가
바로 떠오르게 하라

혹시 '청기 백기' 게임을 해본 적 있는가? 사회자의 말에 따라 순간적으로 깃발을 올리고 내려야 하는 게임이다. 단순하면서도 고도의 순발력을 요한다. 나는 가끔 수학 시험지가 이 게임과 비슷하게 느껴질 때가 있었다. "자, 1번 문제! 이차함수의 최대-최소!" "다음, 2번! 피타고라스 정리 응용!" 쉴 틈 없이 문제가 쏟아지는데, 내 머릿속은 하얘지고 손은 벌벌 떨렸다.

사회자가 "청기!"라고 외쳤는데 나는 백기를 들었다 내리는 것처럼, 머릿속 어딘가에 분명히 풀이법이 있는데도 제때 꺼내 쓰지를 못했다. 옆자리 친구는 벌써 시험지의 다음 장을 넘기는데, 나는 여전히 첫 페이지에서 쩔쩔매고 있었다. 그 순간의 초조함과 무력감은 아마 겪어보지 않은 사람은 모를 것이다. 과거 내가 40점짜리 시험지를 받아 들었을 때의 절망감은, 문제를 몰라서 틀린 게 아니라 아는 문제인데도 제시간에 풀지 못했다는 억울함에서 오는 것이 더 컸다.

많은 학생이 자신의 문제 풀이 속도가 느린 이유를 머리 탓으로 돌린다. "난 원래 계산이 느려" "나는 수학 공부머리가 없나 봐"라고 말이다.

하지만 이건 공부머리의 문제가 아닐 가능성이 90퍼센트 이상이다. 이건 훈련의 문제다. 게임으로 치면, '지능 스탯'이 낮은 게 아니라 '민첩성 스탯'이 부족한 셈이다. 수학 문제를 푸는 건, 단순히 지식을 꺼내는 행위가 아니다. 특정 문제 유형이라는 신호에 두뇌가 자동으로 반응하는 과정에 가깝다. "청기!"라는 소리를 듣는 순간, 0.1초의 망설임도 없이 청기를 드는 것과 똑같다.

이전 장 '백지 공부법'에서 우리는 개념이라는 무기를 날카롭게 만들었다. 하지만 아무리 좋은 무기를 가지고 있어도, 그걸 제때 뽑아 휘두르지 못하면 아무 소용이 없다. 이번에는 바로 그 반응 속도를 극한으로 끌어올리는 훈련법을 이야기해 보려고 한다. 머릿속에 흩어져 있는 개념과 풀이법들을 꺼내 쓸 수 있는 자동 반응 시스템을 만드는 법. 이 방법만 있으면 더 이상 시험지 앞에서 머리가 하얘지는 일은 없을 것이다.

본격적으로 시작하기 전, 한 가지 당부가 있다. 이번에 살펴볼 내용에는 '반응 노트'니 '응용 패턴 노트'니 하는 것들이 등장한다. 낯선 이름만 듣고 '또 뭘 만들라는 거야'라고 부담을 가질 필요는 없다. 중요한 건 노트를 예쁘게 만드는 게 아니라, 이 노트를 쓰면서 문제를 풀 때의 생각 흐름을 따라가 보는 것이다. 이 책에서 제안하는 생각의 단계를 머릿속으로 따라오는 것만으로도 충분하다. 도구에 얽매이지 말고, 생각의 방식을 훔치는 데 집중하자. 준비됐는가? 청기, 아니 연필 올리고 시작해 보자!

게임을 클리어하듯 문제를 풀자

우리의 뇌를 컴퓨터라고 생각해 보자. 컴퓨터에는 '작업 기억'이라고 불리는 아주 작은 크기의 '램^{RAM}'이 있다. 우리가 문제를 풀 때 생각하고, 계산하고, 개념을 떠올리는 모든 활동이 바로 이 좁은 공간에서 이루어진다. 그런데 이 램의 용량은 생각보다 훨씬 작아서, 한 번에 서너 개의 정보 덩어리밖에 처리하지 못한다.

시험 시간에 머리가 하얘지는 '인지 과부하 현상'은 바로 이 작은 램이 터져버릴 때 발생한다. 마치 컴퓨터에 너무 많은 프로그램을 한꺼번에 띄우면 버벅대다가 결국 멈춰버리는 것과 같다. 그렇다면 무엇이 우리의 소중한 램을 터뜨리는 걸까? 범인은 크게 둘이다.

첫 번째 범인은 쓸데없는 프로그램들이다. 문제 자체와는 아무 상관 없는 불안감, 스트레스가 바로 이 프로그램들이다. '이번 시험 망치면 엄마한테 혼날 텐데' '저 친구는 벌써 다음 장 푸나?'와 같은 걱정은 아주 쉽게 램의 절반을 차지해 버린다. 문제 풀이에 써야 할 공간을 이런 감정 쓰레기들이 점령해 버리니, 정작 중요한 계산이나 개념 적용을 제대로 할 수 없는 것이다. 시험 난이도가 아니라, 내 안의 불안감이 뇌를 방해한다.

두 번째 범인은 비효율적인 프로그램이다. 구구단 외울 때를 생각해 보자. 우리는 '7x8'을 보는 순간 '56'을 떠올리기 위해 뇌를 쓰지 않는다. 이건 완전히 자동화된 프로그램이라 램을 거의 차지하지 않는다. 만약 우리가 구구단을 제대로 외우지 못했다면? '7+7+7+…'을 계산하느라 모든 램을 다 써버릴 것이다.

수학 문제도 마찬가지다. 삼각형의 넓이 공식, 피타고라스의 정리, 근의 공식 같은 기본적인 도구들이 구구단처럼 자동화되어 있지 않으면, 그것들을 하나하나 떠올리는 데 많은 램을 소모하게 된다. 그러니 조금만 어려운 응용문제가 나오면 더 이상 생각할 공간이 남아 있지 않아 머리가 멈춰버리는 것이다.

결국 문제 풀이 반응 속도를 높인다는 것은, 쓸데없는 프로그램을 *끄고*(감정 관리), 비효율적인 프로그램을 자동화시켜서(개념 체화), 한정된 램을 오롯이 고난도 문제 해결에만 집중시키는 기술을 연마하는 것이라고 할 수 있다.

이 램을 최적화하는 가장 효과적인 훈련은 바로 '타임 어택' 공부법이다. 시간을 정해놓고 문제를 푸는 것만으로도, 우리의 뇌는 지금 상황을 비상사태로 인식한다. 그리고 모든 자원을 수학 문제 해결에만 집중시킨다. 제한된 시간이라는 압박감은 '이번 시험 망치면 어떡하지?' 같은 쓸데없는 프로그램이 실행될 틈을 주지 않는다. 오직 문제와 나, 그리고 흐르는 시간만이 존재하게 되는 것이다.

예를 들어 오늘 풀어야 할 문제가 20문제이고, 문제당 3분을 배정했다고 가정해 보자. 이때 타이머는 60분에 맞추고 문제를 풀기 시작한다. 이때 '60분 동안 20문제를 푼다'가 아니라, '60분 동안 20문제와 싸워 이긴다'라는 마음으로 몰입해 보자. 이 훈련은 단순히 빨리 푸는 연습이 아니라, 시험장과 똑같은 압박감 속에서 내 뇌의 효율을 최고로 끌어올리는 실전 훈련이다.

타임 어택은 지루한 문제 풀이를 한 편의 게임으로 만드는 가장 간단하면서도 강력한 방법이다. 60분이라는 제한 시간은 게임의 '미션 클리어 조건'이 되고, 시간 안에 푼 문제 수는 '점수'가 된다. 어제는 60분 동안 12문제를 풀었다면, 오늘은 13문제를 풀겠다는 목표로 도전하며 어제의 나 자신과 경쟁해 보자. 이렇게 매일 기록을 경신해 나가는 과정은 게임에서 최고 기록을 깨는 것과 비슷한 성취감을 준다.

더 중요한 것은 이 훈련이 우리가 앞서 말한 두 가지 램 점유 원인을 직접적으로 해결해 준다는 점이다. 첫째, '쓸데없는 프로그램'인 불안감과 잡념은 타이머가 돌아가는 순간 강제로 최소화된다. 60분 안에 20문제를 해결해야 한다는 눈앞의 명확하고 긴급한 과제가 '시험을 망치면 어떡하지'라는 막연한 불안감을 압도하기 때문이다. 앞에서도 강조했지만, 뇌는 생존을 위해 더 시급한 정보부터 처리한다.

둘째, '비효율적인 프로그램'인 자동화되지 않은 개념들은 이 훈련을 통해 강제로 효율화된다. 시간 압박 속에서 공식을 더듬거리거나 개념을 헤매면 당연히 미션은 실패할 수밖에 없다. 이런 실패 경험이 반복되면, 뇌는 살아남기 위해 자주 쓰는 공식과 개념들을 더 빠르고 쉽게 꺼낼 수 있도록 단단한 신경 회로로 만든다.

즉, 타임 어택은 불안감을 몰아내고 개념을 자동화시키는 가장 현실적인 두뇌 트레이닝이다. 이처럼 문제 푸는 시간을 수동적인 공부가 아닌, 시간을 다투는 능동적인 게임으로 바꿔보자. 뇌를 속이

는 이 작은 장치 하나가 집중력과 반응 속도를 극적으로 바꿔놓을
것이다.

 오답을 줄이는 '반응 노트' 작성법

RPG 게임에서 몬스터에게 패배했을 때, 고수와 하수는 다음 행
동에서 갈린다. 하수는 '짜증 나!' 하고 이전과 똑같은 방식으로 덤벼
들지만, 고수는 전투 기록을 찬찬히 복기한다.

'아하! 내가 저 몬스터의 광역 스킬 타이밍을 놓쳤구나. 다음엔 스
킬 시전 모션이 보이면 무조건 회피부터 써야겠다.'

이렇게 자신의 패배 패턴을 분석하고 다음 전투의 행동 전략을
수정한다. 수학 공부도 똑같다. 틀린 문제, 즉 오답은 우리가 전투에
서 패배한 기록이다. 대부분의 학생이 이 전투에 대해 기록하기 위해
'오답 노트'라는 걸 쓴다. 그런데 솔직히 말해보자. 우리가 만드는 오
답 노트, 정말 효과가 있을까?

아마 대부분의 학생이 효과를 보지 못했을 것이다. 많은 학생이
노트에 문제를 예쁘게 잘라 붙이고 알록달록한 펜으로 해설지 풀이
를 그대로 베껴 적는다. 시간은 시간대로 쓰고, 팔은 팔대로 아프다.
그렇게 완성된 작품을 보며 뿌듯해하지만, 정작 시험에서는 똑같은
유형의 문제를 또 틀린다. 왜일까?

그건 그냥 전투 기록을 수집만 했을 뿐, 나의 패배 원인을 분석하
고 다음 전투 전략을 짜는 핵심 과정이 빠져 있기 때문이다. 우리가

평상시에 쓰는 오답 노트는 여전히 모르는 걸 안다고 착각하게 만들고, 정작 중요한 내 생각에 대한 기록이 빠져 있다. 실패의 순간에 대한 분석이 없으니, 똑같은 실패를 반복할 수밖에 없다.

그래서 나는 오답 노트라는 이름부터 버려야 한다고 생각한다. 그 대신 우리는 '반응 노트'에서 제시하는 생각의 흐름을 따라가 보려고 한다. 이건 단순히 틀린 문제를 기록하는 행위가 아니다. 실패의 순간에 내 뇌가 어떻게 반응했는지를 관찰하고, 그 반응 자체를 교정하는 생각 훈련이다. 처음엔 조금 귀찮고 자신의 실패와 정면으로 마주해야 하니 고통스러울 수 있다. 딱 다섯 문제만이라도 이 방법으로 생각해 보자. 문제를 보는 눈 자체가 달라지는 것을 경험하게 될 것이다. 물론 이런 말을 할 수 있나.

"아니, 틀린 문제 하나 고치는데 이렇게까지 해야 하나요? 그냥 해설지 보고 빨리 이해하고 넘어가는 게 시간 아끼는 거 아닌가요?"

타당한 의문 제기처럼 들린다. 하지만 해설지를 보고 이해하는 것은 헬스장에서 다른 사람이 운동하는 걸 구경하는 것과 똑같다. 어떻게 하는지는 알 수 있지만, 내 근육은 하나도 성장하지 않는다. 지금부터 소개할 반응 노트 작성 단계들은 복잡해 보이지만, 사실은 문제를 틀리는 원인을 뿌리 뽑기 위한 가장 효율적인 과정이다.

10개의 틀린 문제를 해설지로 훑어보는 것보다, 단 하나의 문제를 이 생각의 흐름으로 제대로 분석하는 것이 실력 향상에 훨씬 도움이 된다. 똑같은 실수를 다시는 반복하지 않게 만드는 가장 확실한 예방 주사이기 때문이다. 그럼, 반응 노트의 생각 흐름을 하나하나 따라가 보자.

먼저, 생각의 흐름을 두 파트로 분류한다. 실패 순간 분석을 통해서는 틀린 순간을 자세하게 분석하고, 두뇌 재프로그래밍을 통해서는 다시 틀리지 않도록 생각을 재구성한다. 쉽게 말해서 과거와 미래로 나뉘어 각각 3단계씩, 총 6단계로 구성된다.

실패 순간 분석 (과거)	두뇌 재프로그래밍 (미래)
1단계 최초 반응 기록	4단계 전략 갈라짐 분석
2단계 실패 원인 진단	5단계 나만의 언어로 설명하기
3단계 정서적 반응 기록	6단계 예방 행동 전략 수립

1. 실패 순간 분석 (과거)

1단계는 문제를 처음 봤을 때, 머릿속에 가장 먼저 떠오른 생각이나 접근법을 날 것 그대로 떠올려보는 것이다. 꾸밈없이, 정제하지 않고 생각하는 것이 중요하다.

"어, 이거 닮음 문제 같은데? 일단 보조선부터 그어보자"와 같은 문제 풀이의 첫 실마리부터, "으… 또 소금물 문제야. 보기만 해도 머리 아프네. 일단 넘길까?" 같은 정서적 반응까지 모두 적는다.

이 생각의 조각들은 내가 어떤 유형의 문제에 심리적 장벽을 느끼는지, 혹은 어떤 잘못된 접근법을 먼저 떠올리는지를 보여주는 가장 정직한 단서가 된다.

2단계에서는 실패 원인을 진단한다. 왜 틀렸거나 막혔는지, 다음 네 가지 유형 중 가장 가까운 것을 솔직하게 고른다. (A) 개념 부족,

(B) 응용력 부족, (C) 계산 실수, (D) 문제 잘못 읽음/부주의.

(A) 유형이 반복된다면 '백지 공부법'으로 돌아가 개념부터 다시 다져야 하고, (B) 유형이 많다면 다음 장에서 다룰 '기출 뽀개기'를 통해 응용 패턴 훈련에 집중해야 한다. (C) 유형은 단순 실수가 아니라 집중력의 문제이므로 '타임 어택' 훈련 강도를 높여야 한다는 신호이며, (D) 유형은 문제를 읽는 습관 자체를 교정해야 한다는 뜻이다. 이러한 정확한 진단이 정확한 처방으로 이어진다.

그리고 문제를 푸는 동안 느꼈던 감정을 한 단어로 정의한다. '초조함' '짜증남' '멍해짐'과 같이 적은 기록은 수학 공부 심리를 파악하는 중요한 단서가 된다.

만약 특정 유형(예를 들어, 도형)에서 계속 '불안함'이 기록된다면, 그 단원의 개념 자체에 구멍이 있거나 과거의 나쁜 기억이 발목을 잡고 있다는 신호다. 이 감정 기록은 나의 수학 램을 차지하는 쓸데없는 프로그램의 정체를 밝혀내고, 그것을 의식적으로 통제하는 첫걸음이 된다.

2. 두뇌 재프로그래밍 (미래)

이제는 미래의 내가 같은 문제를 만났을 때 틀리지 않도록 전략을 세워보자. 먼저 정답 풀이와 나의 풀이를 비교하며, 생각이 달라지기 시작한 그 지점을 정확히 찾아 분석한다. 그리고 스스로에게 "나는 왜 여기서 이 생각을 못 했을까?"라고 질문한다. 그 이유를 파고들어야 한다. 예를 들어 다음과 같이 분석해 보는 것이다.

"아, 나는 농도 자체에만 집중해서 8퍼센트와 10퍼센트의 관계를 생각하려고 했는데, 정답 풀이는 시작부터 소금의 양을 먼저 구했다. 물을 증발시켜도 변하지 않는 것은 소금의 양이라는 사실! 바로 이 지점에서 내 생각과 고수의 생각이 갈라졌다. 나는 변하는 것(소금물, 농도)에 집중했고, 고수는 변하지 않는 것(소금)을 기준으로 삼았다."

이처럼 정답 풀이와 '갈라지는 순간'을 찾아내는 것이 이 훈련의 가장 중요한 부분이다.

다음은 이 문제를 나만의 언어로 설명해 본다. 이 문제의 풀이 과정을, 마치 옆에 있는 친구에게 가르쳐주듯이 말로 설명한다고 생각해 보자. 소리 내어 설명하는 일은 내가 아는 것과 모르는 것을 가장 확실하게 구분하는 방법이다.

머릿속으로 아는 것 같아도, 말로 설명하다 보면 논리가 꼬이는 부분이 반드시 나타난다. 그 부분이 바로 내가 완벽하게 이해하지 못한 지점이며, 이 과정을 통해 지식은 비로소 나의 것이 된다.

마지막으로 다음 시험에서 같은 실수를 하지 않기 위해 내가 사용할 구체적인 행동 전략을 '만약 ~라면, ~하겠다' 형식으로 설계한다. 이것은 단순한 다짐이 아니라, 내 뇌에 새로운 행동 회로를 심는 작업이다.

"만약 앞으로 소금물 혹은 농도 문제가 보인다면, 반드시 풀기 전에 '변하지 않는 것은 무엇인가? (소금? 용액?)'을 생각하고 문제 풀이를 시작하겠다."

"만약 문제에서 자연수 x라는 조건을 본다면, 그 즉시 x 옆에 동그라미를 세 번 치겠다."

이렇게 구체적인 행동 규칙을 만들어두면, 시험장에서 비슷한 상황을 마주했을 때 의식적으로 노력하지 않아도 뇌가 자동으로 올바른 행동을 취하게 된다. 그렇다면 실제 반응 노트를 사용한 예시를 함께 보자.

[문제 1] 다음은 철수, 영수의 대화 내용이다. 잘못된 말을 하는 학생을 고르시오.

> 철수: 동위각은 같은 위치의 두 각을 의미해.
>
> 영수: 응. 엇각은 서로 엇갈린 위치에 있는 각을 말하지.
>
> 영수: 그리고 엇각은 항상 크기가 같지.
>
> 철수: 동위각은 평행선과 다른 한 직선이 만날 때는 크기가 같지만, 평행하지 않다면 크기가 달라.

문제 1에 대한 반응 노트

실패 순간 분석 (과거)		두뇌 재프로그래밍 (미래)	
1단계	최초 반응 기록	4단계	전략 갈라짐 분석
엇각? Z자 그리면 다 똑같잖아. 영수는 당연히 맞고, 철수가 조금 헷갈리네⋯. 동위각이 평행하지 않다고⋯?		[나] 의심 없이 공식으로 외움. VS [고수] 어? 평행하다는 말이 없네, 의심부터 함. 그림으로 다른 경우를 계속 떠올림.	

2단계	실패 원인 진단	5단계	나만의 언어로 설명하기
(A) 개념 부족 엇각이라는 위치의 이름과 엇각이 같다는 성질을 구분 못함. 엇각이 같으려면 평행선이 되어야 하는 조건을 까먹음.		엇각은 그냥 엇갈린 위치야. 위치 말이지, 크기 말이 아니야. 평행할 때만 같아.	

3단계	정서적 반응 기록	6단계	예방 행동 전략 수립
배신감 아니, 맨날 Z가 그리면 같다고 배웠는데 그게 아니라고? 낚인 기분. 짜증 남.		만약 문제에서 동위각이나 엇각이 나오면, '평행 조건'부터 확인해야겠다.	

[문제 2] 다음 그림과 같은 직각삼각형 ABC에서 점 P는 꼭짓점 B에서 출발하여 선분 BC를 따라 매초 4cm씩 오른쪽으로 움직이다가 멈췄다. 삼각형 ABP의 넓이가 192cm^{2}가 되는 것은 점 P가 출발한 지 몇 초 후인가?

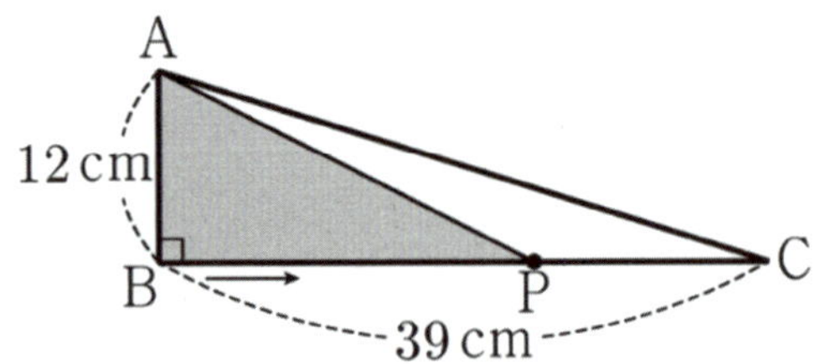

문제 2에 대한 반응 노트

실패 순간 분석 (과거)		두뇌 재프로그래밍 (미래)	
1단계	최초 반응 기록	4단계	전략 갈라짐 분석
아… 점 P가 왜 움직여? 물리 문제인가…. 매초 4cm 간다는 걸 어떻게 써먹어야 되지? 전체 길이 몇이지?		[나] 전체 길이가 39인 것에 시선을 뺏겼다. BP만 알면 되는데, 쓸데없이 고민했다. VS [고수] 변하지 않는 것과 변하는 것 두 개를 구분했다. 길이를 시간의 식으로 바꿨다.	
2단계	실패 원인 진단	5단계	나만의 언어로 설명하기
(B) 응용력 부족 매초 4cm를 x나 t로 사용하는 연습이 안 됨.		이 문제는 '위치'를 보는 게 아니라 '넓이'를 식으로 만드는 문제다. AB와 BP가 직각이니까 넓이는 $12 \times BP \div 2$, 그리고 BP는 매초 4cm씩 늘어나므로 $4 \times$ 시간이다.	
3단계	정서적 반응 기록	6단계	예방 행동 전략 수립
거부감 / 울렁증 문제에서 '출발하다, 움직이다'라는 말을 듣자마자 풀기 싫었다. 차분히 보면 별거 아닌데, '움직이는 점'이라는 단어가 울렁증의 원인이다.		If 문제에서 (매초 a씩 움직인다) Then 고민하지 말고 변 길이를 "a × 시간"으로 바꾼다.	

# 기출문제의 DNA를 분석하는 법

반응 노트를 따른 생각법으로 개별 문제에서의 패배 원인을 분석했다면, 이제 시험 전체의 흐름을 읽을 차례다. 거듭 강조했듯이 가장 완벽한 작전 지도는 바로 기출문제다. 하지만 많은 학생이 이 지도 속 길을 그저 한번 따라 걸어보는 데 그친다. 문제를 풀고, 채점하고, 틀린 문제를 고치는 것. 물론 이 과정도 중요하지만, 이건 지도를 50퍼센트만 활용하는 것이다.

진짜 고수들은 지도를 보며 지형을 분석하고, 적의 예상 이동 경로를 파악하며, 함정이 있을 만한 곳을 예측한다. 나는 이것을 '기출 DNA 분석법'이라고 부른다. 문제의 겉모습이 아닌, 그 안에 숨겨진 출제 원리, 즉 DNA를 파헤치는 작업이다.

이 분석법의 핵심은 문제를 '개념'이 아니라 '패턴'으로 묶는 것이다. 예를 들어, '이차함수'라는 개념으로 구분하는 대신 패턴으로 문제를 분류한다. '좌표 평면 위에 점을 찍어서 푸는 문제' '전체 경우의 수에서 반대 경우를 빼서 푸는 문제'처럼, 문제를 해결하는 생각의 도구 혹은 가치관을 기준으로 말이다. 겉보기엔 전혀 다른 문제들이 사실은 '전체 양을 미지수로 놓고 방정식을 세운다'는 동일한 DNA를 공유하고 있음을 발견하는 순간, 우리의 수학적 사고력은 한 단계 도약한다.

개념과 패턴으로 구분해서 이해하는 게 어렵다면, 문제를 '개념 이름'이 아니라, '푸는 방식'으로 묶는다고 이해해 보자. 예를 들어 요리를 배울 때, "이건 김치찌개, 이건 된장찌개"로 분류하는 방법과

"아, 두 요리 모두 육수를 먼저 내고 양념을 넣는 방식이구나" 하고 만드는 흐름으로 이해하는 방법 중 후자가 요리를 더 잘하기에 유리하다.

물론 처음부터 이런 패턴이 눈에 보일 리 없다. "패턴을 어떻게 찾으라는 거죠? 저는 아무리 봐도 그냥 다 다른 문제로 보이는데요?"라고 묻는 게 당연하다. 괜찮다. 처음에는 우리가 직접 패턴을 찾는 게 아니라, 고수들의 패턴을 훔쳐보는 것에서 시작하면 된다. 여기서 고수란 해설지 혹은 선생님의 풀이를 말한다. 해설지를 보고 틀린 문제를 이해했다면, 거기서 멈추지 말고 딱 한 단계만 더 나아가자. "왜 이풀이는 이 개념을 여기서 썼을까?"를 질문하는 것이다.

예를 들어, 이차함수 문제의 해설지에서 갑자기 '판별식 $D=0$'을 쓴다면, 거기서 패턴의 실마리를 잡으면 된다. '아, 그래프와 직선이 만나는 상황에서는 판별식을 써야 하구나!'라고 생각하는 것이 패턴 발견의 첫걸음이다. 처음에는 이렇게 해설지의 흐름을 역추적하며 패턴을 하나씩 수집하고, 그 수집된 패턴들이 쌓이면 나중에는 문제를 보자마자 어떤 패턴에 해당하는지 스스로 알아볼 수 있게 된다.

이렇게 발굴한 패턴들을 체계적으로 정리한 것이 '응용 패턴 노트'다. 물론, 노트를 꼭 만들 필요는 없다. 중요한 것은 이런 패턴을 파악해야 한다는 걸 인식하고, 해결책을 알고리즘처럼 저장해 두는 것이다. '반응 노트'가 오답에 대한 반성문이라면, '응용 패턴 노트'는 승리를 위한 필승 전략집이다. 예를 들어, 다음과 같이 머릿속에 정리해 두면 된다.

패턴명	이차함수 + 도형 넓이
출제 의도	그래프 해석 능력과 좌표 설정 능력을 동시에 테스트
핵심 공략법(알고리즘)	1. 그래프와 x, y축이 만나는 점의 좌표부터 구한다. 2. 도형의 꼭짓점 중 하나를 $(a, f(a))$로 설정한다. 3. 밑변과 높이를 a에 대한 식으로 표현한다. 4. 넓이 식을 세우면 a에 대한 2차 함수가 나온다.
주의할 함정	a의 범위(x의 범위)를 반드시 체크할 것!

이런 생각의 틀이 머릿속에 잡히는 순간, 우리의 문제 풀이는 완전히 다른 차원으로 진입한다. 더는 시험장에서 문제를 보고 어떻게 풀지 고민하지 않는다. '아, 이거 교과서에서 풀었던 그 패턴이군' 하고 비슷한 패턴의 문제를 떠올리며 이미 만들어둔 최적의 프로그램을 실행시키면 된다.

생각하는 속도가 빨라지는 것이 아니라, 생각할 필요 자체를 없애는 것이 중요하다. 기억하자. 문제 풀이의 속도와 정확성은 타고난 공부머리가 아니라, 치밀하게 설계된 훈련의 결과물이다.

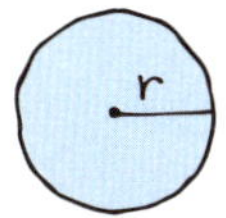

실패 없는 '혼공'을 위한 환경을 만들어라

많은 학생이 학원의 비밀 족보가 없으면 상위권에 진입할 수 없다고 믿는다. 친구가 학원 가방에서 꺼내 드는 족집게 자료를 볼 때마다, 나만 낙오되고 있다는 불안감에 휩싸인다. 하지만 단언컨대, 정보가 성패를 가를 것이라는 생각은 지독한 착각이다. 진짜 실력은 주어진 자료가 교과서든 인터넷 기출문제든 상관없이, 그것을 어떻게 해석하고 자신의 언어로 재구성하여 실전에서 써먹느냐의 문제다. 학원은 수많은 도구 중 하나일 뿐, 공부의 본질이 될 수는 없다. 본질은 언제나 책상 앞에 앉은 나 자신에게 있다.

이번 장에서는 학원이라는 거대한 시스템 없이 스스로 공부의 주도권을 획득하는 방법을 알려주려고 한다. 또한 책상 위에 흩어져 있는 평범한 학교 프린트와 기출문제 뭉치를 머릿속으로 완벽하게 입력하는 구체적인 기술을 익히게 될 것이다. 이를 통해 단순히 문제를 더 맞히는 것보다, 공부를 바라보는 관점과 두뇌의 작동 방식 자체를 바꾸는 걸 목표로 해보자.

풀기 전에 시험의 지도를 그려라

많은 학생이 족보, 즉 기출문제 풀이는 공부를 잘하는 상위권 친구들의 전유물이라고 생각한다. 이제 막 공부를 시작하는 자신에게는 너무 높은 벽이라고 느낀다. 하지만 이것은 완전히 잘못된 생각이다. 족보는 최종 점검을 위한 도구가 아니라, 공부 방향을 알려주는 가장 친절한 나침반이다. 특히 무슨 공부부터 시작해야 할지 막막한 왕초보 학생에게는 어둠 속을 밝혀주는 등대와 같은 존재다. 학원에 다니지 않는다면, 이 등대를 스스로 켜는 법부터 배워야 한다.

그러기 위해서 일단 족보를 구해야 한다. '족보닷컴'과 같이 기출문제를 제공하는 웹사이트에서 우리 학교의 최근 2~3개년 치 시험지를 출력하자. 여기서 가장 중요한 것은, 절대로 문제를 먼저 풀려고 덤벼들지 않는 것이다. 우리의 첫 번째 목표는 문제 풀이가 아니라 분석이다.

먼저 여러 색깔의 형광펜을 준비한다. 그다음 시험지를 펼쳐놓고 문제들을 분류하자. 방법은 간단하다. 교과서를 펼쳐서 각 소단원의 핵심 키워드를 확인하고, 그 키워드가 담긴 문제를 시험지에서 찾으면 된다. 예를 들어, 문제에 '이차방정식'이라는 말이 들어간 것들을 묶으면 된다. 분류는 형광펜으로 하는 것을 추천한다. 교과서의 1단원 문제는 노란색, 2단원 문제는 파란색으로 칠하는 식이다.

이 간단한 작업만으로도 시험지의 전체 구조가 한눈에 들어온다. 어떤 단원에서 문제가 집중적으로 출제되는지, 어떤 단원은 상대적으로 비중이 적은지가 명확하게 보인다. 이것만으로도 우리는 남들보다 훨씬 전략적으로 공부 계획을 세울 수 있다.

분류가 끝났다면, 이제 각 문제 옆에 난이도를 상, 중, 하로 간단히 표기해 보자. 상, 중, 하로 분류하는 기준은 다음과 같다.

1) 상: 문제가 무엇을 묻는지조차 이해가 안 되는 문제
2) 중: 문제를 푸는 단계가 있어 보이지만 풀 수 있을 것 같은 문제
3) 하: 공식에 숫자를 넣고 계산만 하면 될 것 같은 문제

이 과정을 통해 우리는 시험이 어려운 문제들의 집합이 아니라, 나도 충분히 맞힐 수 있는 하 난이도의 문제와 약간의 노력이 필요한 중 난이도의 문제, 그리고 변별력을 위한 상 난이도의 문제가 합쳐진 종이에 불과하다는 사실을 깨닫게 된다.

이 사실을 인지하는 것만으로도 시험에 대한 막연한 공포가 사라진다. 또한 하와 중 난이도의 문제만 다 맞아도 최소한의 점수는 확보할 수 있다는 구체적인 자신감이 생긴다. 이 자신감이 자기 확신을 만들고, 이렇게 생긴 끈기는 다음 단계로 나아가게 하는 가장 강력한 연료가 된다. 이렇게 시험의 지도를 그렸다면, 이제 그 지도를 집에서 활용하는 방법을 이야기해 보자.

내 방을 최상위권의 자습실로 바꿔라

학생들이 학원에 가는 가장 큰 이유는 공부할 수밖에 없는 환경에 나를 밀어 넣기 위해서다. 집에는 스마트폰, 컴퓨터, 침대 등 수많은 유혹이 존재하지만, 학원 자습실에는 오직 책상과 스탠드, 공부하는 다른 학생들의 숨소리뿐이다. 이렇게 환경을 통제하는 것만으로도 우리의 집중력과 의지력은 극적으로 달라진다. 그렇다면 공부하기 위한 강력한 환경을 어떻게 내 방 안에도 만들 수 있을까?

정답은 공간 분리에 있다. 방이라는 하나의 공간을 목적에 따라 여러 개의 다른 공간으로 재정의하는 것이다. 다음 두 가지 방법을 통해 공간을 분리해 보자. 내 방을 최고의 학습 공간으로 쓸 수 있다.

첫 번째, 책상은 신성불가침의 공부 구역으로 선포하라

이것은 절대 타협해서는 안 되는 제1원칙이다. 오늘부터 우리의 책상은 신성불가침의 공부 구역이다. 이곳에서는 공부와 관련된 행위 외에는 그 어떤 것도 허용하면 안 된다.

스마트폰을 보거나, 간식을 먹거나, 잠시 엎드려 자는 행위 모두 금지다. 우리의 뇌는 생각보다 단순해서, 특정 공간과 특정 행동을 짝지어 기억한다. 만약 책상에서 밥도 먹고 게임도 하고 잠도 잔다면, 뇌는 책상을 다목적 휴식 공간으로 인식하게 된다. 그러니 막상 공부를 시작하려고 앉아도, 뇌는 휴식 모드에서 좀처럼 빠져나오지 못하기 때문에 당연히 집중하기 어렵다.

반대로 책상에서는 오직 공부만 한다는 규칙을 철저히 지키면,

나중에는 책상에 앉는 행위 자체가 뇌의 공부 스위치를 켜는 강력한 방아쇠 역할을 하게 된다. 학원 자습실에 들어서는 순간, 자연스럽게 공부 모드로 전환되는 것과 같은 원리다. 휴식 시간을 가지거나 스마트폰을 사용할 때는 반드시 책상에서 일어나 침대나 방바닥의 휴식 구역으로 가자. 이 물리적인 거리 두기가 유혹을 이겨내는 가장 현실적인 방법이다.

혼자 공부할 때 가장 무서운 적은 무한하게 주어진 시간이다. 오늘 안에만 다 끝내면 된다는 안일한 생각은 결국 집중력 저하와 꾸물거림으로 이어진다. 학원 수업에서는 1교시 50분, 쉬는 시간 10분처럼 시간이 통제된다. 이 시스템을 내 방으로 가져와야 한다.

50분 공부, 10분 휴식이라는 규칙을 세우고 스마트폰 타이머나 스톱워치를 이용해 시간을 엄격하게 통제하자. 50분 동안은 그 어떤 방해에도 굴하지 않고 눈앞의 문제에만 몰입하고, 알람이 울리면 하던 것을 미련 없이 멈추고 10분간 확실하게 쉬는 것이다. 만약 50분이 너무 길게 느껴진다면 25분 공부 후 5분 휴식, 혹은 15분 공부 후 5분 휴식으로 시작해도 괜찮다.

중요한 것은 리듬을 만드는 것이다. 이 방법은 '포모도로 기법'으로 알려진 시간 관리술이다. 이 방법은 단순히 시간을 통제하는 것을 넘어, 공부 시작을 쉽게 만들어준다. 3시간 동안 수학을 공부하겠다는 막연한 목표 대신 일단 50분만 집중하자는 작은 목표는 심리적 부담을 크게 덜어준다. 또한, 공부가 끝나면 휴식 시간이 있다는 사실은 50분 동안 더 몰입할 수 있도록 한다. 이 짧은 집중과 휴식의 반복이 스스로 정한 공부 시간과 공부량을 완주하게 만드는 최고의 페이스메이커가 되어줄 것이다.

 '양과 질'의 황금비율을 설계하라

"수학 공부는 무조건 많은 문제를 푸는 '양'이 중요한가요, 아니면 한 문제를 깊게 파고드는 '질'이 중요한가요?"

이 질문은 학생들에게 많이 받는 질문 중 하나이다. 이 질문은 질문 자체가 잘못되었다. 이것은 마치 "성공하려면 재능이 중요한가요, 노력이 중요한가요?"라고 묻는 것과 같다. 정답은 당연히 둘 다이지만, 그것만으로는 뾰족한 해결책이 되지 못한다. 더 본질적인 핵심은, 나의 현재 실력과 위치에 따라 양과 질의 무게 중심을 완전히 다르게 설정하는 균형에 있다. 쉽게 말해서 수준별, 점수대별로 많은 문제를 푸는 것과 한 문제를 파고드는 것의 비중을 다르게 두는 전략을 짜야 한다.

[하위권] "양치기는 무식한 공부법이다?"

여러 학생이 많은 문제를 푸는 방식, 소위 '양치기'를 무식하고 비효율적인 공부법이라고 생각한다. 하지만 특정 단계의 학생에게는 가장 효과적인 전략이 될 수 있다.

인지심리학에 따르면, 인간이 의식적으로 생각하며 한 번에 처리할 수 있는 정보의 양(작업 기억의 용량)은 생각보다 매우 제한적이다. 만약 기본적인 연산이나 공식 활용이 완벽하게 자동화되어 있지 않은 학생이라면, 복잡한 응용문제를 풀 때 작업 기억의 대부분을 기초 계산을 처리하는 데 소모해 버린다. 정작 문제의 핵심을 파악하고 창의적인 해결책을 구상하는 데 사용해야 할 두뇌 자원이 남아 있지 않게 되는 것이다.

따라서 하위권 학생들은 양 중심 루틴을 통해 기본 유형의 문제를 거의 무의식적으로 풀 수 있을 때까지 자동화해야 한다. 이 말은 생각 없이 문제를 풀라는 의미는 절대 아니다. 이는 나중에 더 높은 수준의 복잡한 생각을 하기 위해, 기본 절차들은 생각할 필요가 없는 단계로 만들어 소중한 작업 기억 용량을 확보하는 전략이다.

또한, 실전에서 막히는 문제를 만났을 때 고민 없이 넘어가는 전략적 포기 훈련 역시 이 단계에서 반드시 체화해야 한다. 이 두 가지 훈련을 통해 적어도 내가 아는 문제는 확실히 풀 수 있다는 최소한의 자기 확신을 얻을 수 있다.

[중상위권] '한 문제'와 사랑에 빠져라

어느 정도 기본기가 다져져 작업 기억에 여유가 생긴 중상위권부터는 점진적으로 질 중심 루틴의 비중을 높여야 한다. 어려운 문제 하나를 붙잡고 30분, 1시간씩 씨름하며 몰입하는 경험은 단순히 하나의 문제를 해결하는 능력만을 키우는 데 그치지 않는다.

여기서 의문이 생길 수 있다. "왜 하위권은 최대한 많은 문제를 풀라고 하고, 중상위권은 한 문제를 오래 붙잡으라고 하나요?" 모순적으로 들릴 수 있겠지만, 이는 뇌가 성장하는 명백한 순서에 따른 학습법이다.

앞서 하위권 학생들은 기본적인 연산조차 자동화되지 않아 작업 기억의 여유가 없었다. 따라서 좌절감을 없애고 '자기 확신'을 쌓는 '양 중심 루틴'이 최우선이었다. 하지만 기본기가 자동화되어 작업 기억에 여유가 생긴 중상위권 학생들은, 그 남는 자원을 활용해 비로소 '끈기'와 '사고력'을 기르는 '질 중심 루틴'에 돌입할 수 있는 것이다.

이 과정을 통해 중상위권 학생들은 공부를 대하는 태도와 정체성 자체를 바꾸게 된다. 심리학의 '자기 결정 이론'에 따르면, 인간은 자율성, 유능감, 관계성이라는 세 가지 기본 심리 욕구가 충족될 때 어떤 외부 보상 없이도 행위 자체에서 즐거움을 느끼는 내재적 동기가 폭발적으로 발현된다. 어려운 문제를 포기하지 않고 마침내 자신의 힘으로 해결했을 때 경험하는 짜릿한 유능감은, 부모님의 칭찬이나 좋은 성적보다 훨씬 더 강력하고 지속적인 학습 동기가 된다.

또한, 결과가 아닌 노력하는 과정 자체를 가치 있게 여기는 성장 마인드셋은 어려운 문제에 대한 두려움을 줄여주고, 도전을 즐기는 태도를 만들어준다. 질 중심 루틴은 단순히 수학 실력을 높이는 걸 넘어, 공부를 대하는 마음 근육을 단련하고 공부하는 사람으로서의 정체성을 구축하는 과정이다.

[점수대별] 나에게 맞는 황금비율 설계하는 법

① 70점 이하: 기본 유형의 완벽한 자동화

70점 이하의 하위권 학생이라면 가져야 할 최우선 목표는 기본 유형의 완벽한 자동화다. 지금은 질보다 압도적인 양이 필요하다. 생각 없이도 풀 수 있는 문제의 절대적인 숫자를 늘려, 복잡한 사고에 필요한 두뇌의 작업 기억을 확보해야 한다. 이를 위해 상대적으로 쉬운 유형의 문제집을 최소 3회독 이상 반복하며, 정확성보다는 풀이 속도를 높이는 데 집중한다.

어려운 문제를 만나면 최대 5분만 고민하고, 이후에는 해설을 보며 아이디어를 구경하고 이해하는 수준으로 과감히 넘어가자. 지금 필요한 것은 어려운 문제 하나를 푸는 성취감이 아니라, 수많은 기본 문제를 통해 '나는 이 정도는 확실히 할 수 있다'는 자신감을 얻는 것이다.

② 70~90점 사이: 양과 질의 균형으로 응용력을 키우자

70점에서 90점 사이의 중위권 학생은 이제 양과 질의 균형을 맞추는 단계로 진입해야 한다. 자동화된 기본기를 바탕으로 낯선 응용 문제에 대한 해결 능력을 본격적으로 키워야 할 때다. 표준적인 유형 문제집을 꾸준히 풀며 양을 유지하는 동시에, 주 2~3회는 반드시 고난도 문제의 날로 정해두고, 두세 개의 문제를 각각 15분 이상 깊이 고민하는 시간을 가져야 한다.

이 고통스러운 고민의 시간이 사고력을 한 단계 위로 끌어올리는 질적 훈련의 핵심이다. 이 과정을 통해 단순히 아는 것을 넘어, 아는 것을 활용하여 모르는 문제를 풀어내는 진짜 실력과 끈기를 기르게 된다.

③ 90점대: 최고난도 문제로 사고력의 한계에 도전하자

90점 이상의 상위권 학생은 이제 양적 훈련의 비중을 과감히 줄이고, 질적 탐구에 모든 것을 쏟아부어야 한다. 이때 목표는 단순히 문제를 맞히는 것이 아니라, 최고난도 문제를 통해 사고력의 극한을 경험하고 자신만의 문제 해결 철학을 구축하는 것이다.

초고난도 문제집이나 심화 문제집을 중심으로 공부하며, 하나의 문제를 최소 세 가지 이상의 관점에서 접근하고 여러 가지 풀이법을 연구하는 데 대부분의 시간을 투자해야 한다. '왜 이 방법이 최선일까?' '출제자의 진짜 의도는 무엇일까?'와 같은 질문을 멈추지 않아야 한다.

이것으로 우리의 전략 수립이 모두 끝났다. 우리는 가장 먼저 기출문제를 분석해 시험의 지도를 손에 넣었다. 그다음으로는 유혹을 차단하고 몰입도를 최대로 끌어올리는 최상위권의 환경을 설계했다. 마지막으로 현재 내 성적에 가장 효과적인 양과 질의 황금 비율을 만들었다. 이제 우리는 학원이라는 시스템에 의존하지 않고도, 온전히 스스로의 힘으로 1등급을 향해 나아갈 모든 준비를 마친 셈이다.

다음 점수대별로 추천하는 문제집 목록을 보고, 내 수준에 맞는 문제집을 찾아 공부해 보자.

다시 한번 기억하자. 학원은 학생의 성장을 돕는 곳이지, 내 성장을 대신해 주는 곳이 아니다. 진짜 성장은 언제나 우리의 책상 위, 머리가 깨질 듯한 고민 속에서 시작된다. 오늘부터 우리의 방을 대한민국 최고의 학원으로 만들어보자. 그곳의 유일한 학생이자 가장 위대한 스승은, 바로 나 자신이다.

난이도별 추천 문제집

난이도	제목	지은이	출판사
쉬운 유형	개념+유형 기초탄탄 라이트 중학 수학	비상교육 편집부	비상교육
	베이직쎈 중등 수학	홍범준, 신사고수학콘텐츠연구회	좋은책신사고
	체크체크 수학 중학	해법수학연구회	천재교육(학원)
표준 유형 (고난도 문제 일부 포함)	쎈 중등 수학	홍범준, 신사고수학콘텐츠연구회	좋은책신사고
	개념원리 RPM 알피엠 중학 수학	개념원리 수학연구소	개념원리
초고난도 유형	블랙라벨 중학 수학	이문호, 김원중, 김숙영, 강희윤	진학사
	유형+심화 고쟁이 중학 수학	이투스 중학 수학 연구회	이투스북
	에이급 수학 중등	편집부	에이급

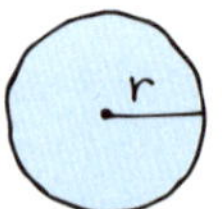

학원은
질문하러 가는 곳이다

나는 학원 시스템을 썩 좋아하지 않았다. 수학 열등생이었던 내가 처음 도움을 요청했던 학원에서 거절당한 기억, 겨우 들어간 학원에서 친구들과 비교하며 좌절했던 기억은 수학에 더 심한 거부감을 가지게 만들었다.

그러나 내 인생을 바꾼 역전의 발판이 되어준 곳 역시 학원이었다. 나를 받아준, 무섭기로 소문났던 집 앞 학원이 아니었다면 지금의 나는 없었을 것이다. 그곳에서 나는 비로소 막막한 문제 앞에서 길을 찾는 법과 어느 길이 최선의 경로일지 모를 때는 다른 사람의 도움이 얼마나 중요한지를 배웠다.

누군가 내게 "학원, 꼭 다녀야 하나요?"라고 묻는다면, 나는 "너는 지금 그 식사가 꼭 필요하니?"라고 되묻는다. 학원은 마치 식사와 같다. 어떤 학생에게는 성장을 위한 최고의 영양식이 되지만, 어떤 학생에게는 소화도 못 시킬 과한 식단이 되기도 한다.

이번 장에서 우리는 학원이라는 식사를 어떻게 꼭꼭 씹어 내 피와 살로 만들 수 있을지, 학원을 영양식으로 만드는 법에 대해 이야기해 보려고 한다.

혼자 공부하기 어려운 이유

우리는 왜 학원에 갈까? 대답하기 쉬운 질문 같지만, 의외로 이 질문에 제대로 답하는 학생은 거의 없다. 대부분의 학생은 "남들 다 가니까요" "엄마가 가라고 해서요" "성적 올려야 하니까요"라고 대답한다.

학생들이 학원에 가야 하는 진짜 이유는 혼자서는 도저히 넘을 수 없을 것 같은 벽이 눈앞에 있기 때문이다. 수학 공부라는 길은 혼자 걷기엔 너무 외롭고 험난하다. 모두가 같은 출발선에서 시작하는 것 같지만, 현실은 그렇지 않다. 특히 '학군지'라 불리는 곳에서는 선행 학습 속도 경쟁이 치열하다. 나만 뒤처지고 있다는 불안감, 높은 벽을 혼자서는 넘을 수 없을 것 같다는 공포감. 이것이 우리가 학원의 문을 두드리는 가장 솔직한 이유다.

결국 학원에 가는 이유는 두 가지로 요약된다. 첫째, '경쟁'에서 살아남기 위해서. 둘째, '정보'라는 지름길을 얻기 위해서다. 학원은 지난 수십 년간 수많은 학생이 어떤 길에서 헤맸고, 어떤 함정에 빠졌는지 분석한 데이터를 가지고 있다. 그 데이터를 바탕으로 고득점으로 가는 가장 효율적인 경로, 함정 문제 같은 위험한 구간을 피하는 법 같은 고급 정보들을 알려준다. 혼자서 수십 시간을 헤매야 얻을 수 있는 정보를 단 몇 시간 만에 떠먹여 주는 셈이다. 이렇게 시간을 단축하는 효율성이 우리가 비싼 돈을 내고 학원이라는 가이드를 고용하는 이유다.

수학은 계단식 학문이라서, 한 번 발을 헛디디면 다음 계단을 오르기가 정말 어렵다. 학원은 이 끊어진 계단을 이어주는 튼튼한 동아줄 역할을 해주기도 한다. 내가 어디서부터 길을 잃었는지, 어떤 기본기부터 다시 다져야 하는지, 혼자서 객관적으로 파악하기 힘든 나의 현 상태와 방향을 알려주기 때문이다.

하지만 기억해야 한다. 아무리 좋은 장비와 지도를 손에 쥐어줘도, 그걸 제대로 활용할 줄 모르면 무용지물이다. 학원이란 결국 내 앞에서 더 편한 길을 안내해 주는 가이드지, 나를 정상까지 단번에 데려다주는 헬리콥터가 아니다.

🎓 학원에서 주인공이 되는 법

나는 학원에서 극과 극의 두 학생을 본 적이 있다. 한 친구는 현수였다. 현수는 처음 학원에 왔을 때 딱 중위권 정도의 성적이었다. 그런데 이 친구는 수업을 듣는 태도가 남달랐다. 선생님의 풀이를 멍하니 받아 적는 게 아니라, 자기 생각과 비교하며 끊임없이 고개를 갸웃거렸다. 쉬는 시간이면 어김없이 찾아와 이렇게 물었다.

"선생님, 저는 이 문제를 이렇게 풀었는데, 왜 선생님 방법이 더 좋은 건가요?"

다른 한 친구는 민준이었다. 민준이는 현수보다 훨씬 머리가 좋았다. 어려운 문제를 금방 이해했고, 숙제도 곧잘 해왔다. 그런데 성적은 이상하게 제자리걸음이었다. 민준이의 가장 큰 문제는 학원에서 배운 걸 자신이 안다고 착각하는 것이었다. 선생님 설명을 들으면 금세 고개를 끄덕였다. 하지만 막상 비슷한 유형의 다른 문제를 주면 손도 대지 못했다. 민준이에게 학원 수업은 그저 익숙한 내용을 한 번 더 관람하는 시간에 가까웠다.

이 둘의 차이가 무엇일까? 바로 학원이라는 식사를 대하는 태도다. 나는 이것을 '주인공 시점'과 '관찰자 시점'이라고 부른다.

사교육이 제대로 먹히는 조건은 단 하나, 학생이 주인공 시점으로 공부할 때다. 주인공은 능동적이다. 문제 상황을 마주하면 어떻게 해결할지 스스로 전략을 짜고, 막히는 부분이 있으면 왜 막히는지 분석한다. 선생님의 설명은 절대적인 정답이 아니라, 수많은 해법 중 하나일 뿐이다. 이런 친구들은 자신의 풀이와 비교하고, 더 나은 점은 흡수하고, 이해가 안 되는 부분은 반드시 파고들어 자기 것으로 만든다.

학원에서 시키는 오답 노트는 실패를 기록하는 데서 그치지 않고, 다음 문제 풀이를 위한 전략으로 쓴다. 이런 친구들에게 학원은 성적을 올리기에 최고의 무대다. 자기 능력에 대한 긍정적인 믿음, 즉 우리가 앞에서 계속 이야기했던 '자기 확신'이 단단하다. 어려운 과제를 만나도 좌절하기보다는 성장의 기회로 삼는다.

반면, 학생이 관찰자 시점으로 공부하면 학원 다니는 의미가 없다. 관찰자는 수동적이다. 선생님의 화려한 풀이를 보며 감탄만 할 뿐, 그게 왜 가능한지에 대해서는 고민하지 않는다. 숙제는 그저 귀찮은 의무일 뿐이고, 틀린 문제는 답지를 베껴 오답 노트를 채우기 바쁘다.

이들은 특히 '친숙함의 함정'에 빠지기 쉽다. 여러 번 듣다 보니 아는 것 같지만, 막상 설명해 보라고 하면 입도 뻥긋 못 한다. 이것이 바로 밑 빠진 독에 물 붓는 공부다. 이런 학생들은 수학에 불안을 느끼기 쉽다. 자기 확신이 부족하니 자신의 능력을 믿지 못하고, 어려운 문제를 회피하려 한다. 실패가 두려운 나머지, 도전 자체를 포기해 버리는 것이다.

결국 학원의 성패는 선생님의 강의력이나 교재의 퀄리티가 결정하는 게 아니다. 책상 앞에 앉아 있는 나 자신의 태도에 달려 있다. 이 글을 읽고 있는 여러분은 공부의 주인공인가, 아니면 관찰자인가?

🎓 수업 효율을 좌우하는 질문력과 활용력

최상위권 학생들은 타고난 공부머리로 높은 성적을 유지하는 것처럼 보인다. 하지만 그들의 진짜 무기는 타고난 머리가 아니라, 후천적으로 갈고닦은 질문력이다.

그들은 정답을 얻으러 학원을 오는 게 아니라 질문하기 위해 학원에 온다. 모르는 것을 선생님께 질문하는 것을 넘어, 자기 자신에게도 끊임없이 질문을 던진다. '왜 이렇게 풀리지?' '다른 방법은 없을까?' '이 개념의 핵심은 뭘까?' 이 질문의 깊이가 생각의 깊이를 만들고, 결국 실력의 차이를 만든다. 우리는 바로 이 질문력을 기르는 데 집중해야 한다. 지금부터 그들의 머릿속에서 일어나는 생각의 흐름을 한번 엿보고, 내 것으로 만들어보자.

이 질문법은 총 3단계로 구성된다. 1단계 수업 전 '배경지식 활성화', 2단계 수업 중 '능동적 사고', 그리고 3단계 수업 후 '지식 체계화'다. 각 단계는 톱니바퀴처럼 맞물려 돌아가며 우리의 두뇌를 학원 공부에 효율적인 상태로 만들어줄 것이다.

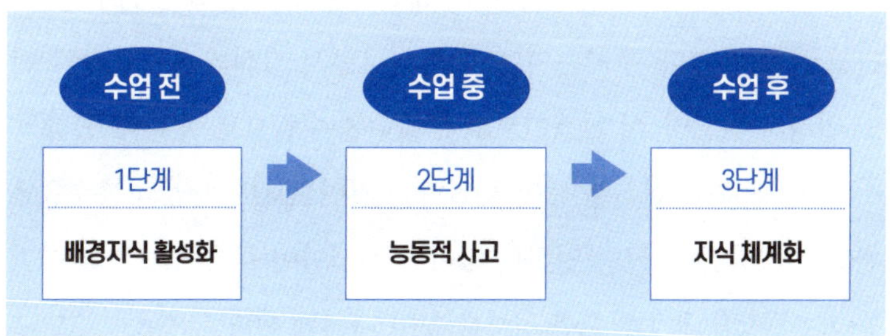

1단계: 수업 전 배경지식 활성화

수업 전에는 오늘 배울 단원에 대해 내가 무엇을 알고 무엇을 모르는지 미리 파악한다. 이건 단순한 예습에서 그치는 것이 아니라 내 머릿속 지식의 상태를 점검하고, 새로운 지식을 받아들일 준비를 하는 과정이다. 이때 스스로에게 기억 소환 질문과 약점 분석 질문을 던져야 한다.

기억 소환 질문은 "오늘 배울 '일차함수'의 정의가 뭐였지? 내가 설명할 수 있나?"라고 물어보며 가장 기본적인 지식을 꺼내보는 과정이다.

이렇게 기억을 떠올리는 것만으로도 뇌는 학습할 준비를 시작한다. "이전에 배웠던 '정비례' 개념과 오늘 배울 내용은 어떻게 연결될까?"와 같이 이전에 배운 지식과 연결 고리를 찾아보며 머릿속에서 개념 지도를 그려본다. 이를 통해 지식은 파편화되지 않고 단단한 구조를 갖추게 된다.

약점 분석 질문은 "이 개념이 문제에 나오면, 나는 어떤 유형의 문제에서 가장 어렵게 느꼈었지?" 혹은 "나는 이 문제를 풀 때, 어떤 종류의 실수를 할까? 계산 실수일까, 개념을 잘못 적용하는 실수일까?"라고 묻는 것이다. 우리는 이렇게 물어보면서 자신의 약점을 예측하고 인정하게 된다. 이 과정만으로도 실수를 절반으로 줄일 수 있다.

이렇게 수업 전 5분 동안 예열하는 것만으로도 수업의 흡수율은 완전히 달라진다. 그냥 멍하니 앉아서 선생님이 주는 정보를 받아먹는 게 아니라, 내가 필요한 정보를 찾아 나서게 된다.

2단계: 수업 중 능동적 사고

수업 시간에는 선생님의 설명을 들으면서 끊임없이 자기 생각과 비교하며 '왜?'라고 질문을 던져야 한다. 이때는 전략 분석 질문과 핵심 연결 고리 질문을 던지는 단계이다.

우선 전략 분석 질문은 "왜 저 부분에서 저 공식(개념)을 사용하시는 거지? 나는 다른 방법을 생각했는데, 두 방법의 차이는 뭘까? 어느 쪽이 더 효율적이지?"라고 묻는 것이다.

이 질문을 통해 선생님의 풀이를 유일한 정답으로 받아들이지 않고, 여러 해법 중 하나로 분석해볼 수 있다. 이 과정에서 문제 해결의 유연성이 길러진다.

그다음으로 핵심 연결 고리가 무엇인지 질문한다. 이 과정이 가장 중요하다. 내가 학원에서 관찰한 상위권 친구들은 절대 "이 문제 모르겠어요"처럼 막연한 질문을 하지 않는다. 그들은 해설지를 보든, 스스로 고민하든, 전체 풀이 과정에서 자신이 이해하지 못한 논리만 찾아낸다. 그리고 이해 가지 않는 지점을 정확히 찾아내 질문한다.

"선생님, 2번 문제 모르겠어요."(X)
"선생님, 2번 풀이에서 세 번째 줄로 넘어갈 때, 문제의 '두 그 래프가 접한다'는 조건 때문에 판별식을 사용하신 건가요? 그 연결 고리를 잘 모르겠어요."(O)

두 질문의 차이가 보이는가? 첫 번째 질문은 자신의 고민이 전혀 담겨 있지 않은, 선생님께 답을 구걸하는 질문이다. 하지만 두 번째 질문은 '여기까지는 내 힘으로 왔는데, 이다음 걸음을 내딛기 위한 단서가 필요하다'는 치열한 고민의 흔적이 담겨 있다. 이런 학생들은 무엇을 물어봐야 하는지, 무엇에 초점을 맞춰 확인하고 싶은지를 스스로 정해서 온다. 질문이 구체적일수록, 답변은 예리해진다. 이것이 학원 수업료의 본전을 뽑고도 남는 질문법이다.

수업이 끝났다고 공부가 끝난 것은 절대 아니다. 배운 내용을 온전히 내 것으로 만들고, 새로운 문제에 적용할 수 있도록 지식을 체계화하고 일반화해 보자.

먼저 수업 시간에 틀린 문제가 있었다면, 그 오답의 원인을 분석해야 한다. 내가 틀린 이유가 개념 자체를 몰라서였는지(지식 부재), 적용 방법을 몰랐던 것인지(전략 부재), 아니면 그냥 계산 실수나 시간 관리 실패였는지(실행 오류)를 분석한다.

실패 원인을 정확히 진단해야 올바른 처방을 내릴 수 있다. "내 첫 풀이와 선생님의 풀이는 어디서부터 달라졌을까? 그 갈림길에서 나는 왜 다른 길을 택했을까?"라고 자신의 사고 과정과 전문가의 사고 과정을 비교하며 그 간극을 메워나가 보자.

원인을 알았다면 결과가 어떻게 나올지 평가해 본다. "내가 구한 답이 문제의 조건에 들어맞는가? 다른 방법으로 풀어도 같은 답이 나올까?"라고 자신의 풀이를 비판적으로 검토하며 풀이의 타당성을 확보하는 것이다. 이를 통해 다음번에 똑같은 유형의 문제를 만났을 때, 어떻게 행동할 것인지 구체적인 전략을 수립해 미래의 실수를 예방할 수 있다.

마지막에는 자신이 가지고 있는 지식을 확장할 수 있는 질문을 던져보자. "오늘 배운 이 문제 해결 방법, 겉모습은 다르지만 비슷한 원리를 가진 다른 문제에도 써먹을 수 있을까?" 혹은 한 걸음 더 나아가, "이 문제의 핵심 개념을 이용해서 새로운 문제를 만들어 볼 수 있을까?"라고 조건을 바꾸거나, 실제 상황에 적용해 보는 것이다. 이 단계까지 나아가면, 수학 문제를 한 문제 풀어도 두세 문제 푼 것과 같은 효과를 볼 수 있다. 출제자의 시선으로 문제를 바라보기 때문이다.

이 '메타 인지' 질문법을 꾸준히 따라 해보자. 처음에는 어색하고 귀찮을 수 있지만, 이 질문들이 하나둘 쌓이는 순간, 우리는 더 이상 학원에서 차려준 밥상을 수동적으로 받아먹기만 하는 손님이 아니게 된다. 학원이라는 시스템을 내 성장을 위한 최고의 식사로 만드는 진정한 공부의 요리사가 되는 것이다.

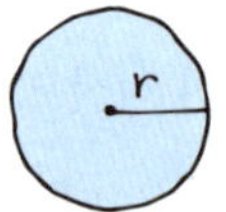

7단계
시험장에서 200퍼센트
실력 발휘하는 법

지난 6단계까지 우리는 최고의 공부법으로 공부하고, 자기 확신과 끈기도 최고 수준으로 올려놨다. 그런데 이상한 일이 벌어진다. 집과 학원에서는 분명 풀렸던 문제들이 시험장에서는 도무지 풀리지 않는다. 시험지만 앞에 두면 머릿속이 하얘지고, 심장은 미친 듯이 뛰고, 손에서는 땀이 흐른다. 그렇게 평소 실력의 반도 발휘하지 못하고 시험지를 제출하며 '아, 이번 시험도 망했구나' 하며 좌절한다. 나 역시 수없이 겪었던 일이다.

이건 여러분이 부족해서가 아니다. 시험이라는 극한의 환경이 우리의 뇌를 어떻게 속이는지, 그 메커니즘을 몰랐기 때문이다. 실전은 단순히 수학 실력만으로 싸우는 곳이 아니다. 보이지 않는 심리전이고, 시간과 멘탈을 지배해야 하는 기세 싸움이다.

이번 장에서는 그 기세를 우리 편으로 만드는 구체적이고 현실적인 기술들을 이야기해 볼 것이다. 시험장이라는 환경에서 내 뇌의 착각을 역이용하고, 출제자의 심리적 함정을 피해 가며, 기어코 한두 문제를 더 맞혀내는 고도의 눈속임 기술을 알아보고자 한다.

1,000명 넘는 학생에게 이 기술들을 적용해 보고 가장 잘 통하는 방법들을 정리했다. 이 기술들을 완전히 내 것으로 만든다면, 여러분은 시험장을 압도하는 기세를 갖게 될 것이다.

🎓 시험에서 흔들리지 않는 멘탈 관리법

내 제자 중에 민준이라는 친구가 있었다. 평소 모의고사를 풀면 늘 안정적으로 1등급이 나오던 아이였다. 그런데 유독 큰 시험만 보면 3, 4등급으로 성적이 곤두박질쳤다. 민준이는 어느 날 울면서 내게 말했다.

"선생님, 저는 실전에 약한가 봐요. 시험지만 받으면 아는 것도 기억이 안 나요."

이건 민준이만의 문제가 아니다. '실전에 약하다'는 말은 '시험 불안'이라는 뇌의 반응 때문에 생긴다. 앞서 우리가 이야기했던 '작업 기억'을 기억하는가? 시험이 시작되는 순간, '망치면 어떡하지?' '시간이 부족할 거야'와 같은 걱정들이 우리의 소중한 작업 기억 공간을 전부 차지해 버린다고 이야기했었다. 정작 문제 풀이에 써야 할 뇌의 자원이 부족해지니, 머리가 하얘지는 경험은 어쩌면 당연한 결과였다는 걸 이해했을 것이다.

그렇다면 이 불안을 어떻게 다스려야 할까? 나는 민준이에게 불안을 없애려고 발버둥 치지 말라고 했다. 그건 불가능하고, 오히려 역효과만 난다고도 덧붙였다. 핵심은 불안을 없애는 게 아니다. 불안의 성격을 통째로 바꿔버리는 것, 그것이 유일한 해법이다.

내가 민준이에게 알려준 첫 번째 기술은 바로 심장 소리를 재해석하는 것이었다. 시험 직전, 심장이 쿵쾅거리기 시작하면 대부분의 학생은 '아, 망했다. 긴장되기 시작했어'라고 생각하며 불안에 잠식당한다. 하지만 나는 그 순간에 드는 생각을 바꿔보자고 했다.

'좋아, 드디어 내 몸이 싸울 준비를 시작했구나. 뇌에 산소와 피를 평소보다 더 세게 뿜어주려는 신호구나.'

장난 같이 들릴지 모르지만, 이건 과학적인 사실이다. 심장이 뛰는 건 도망치라는 신호가 아니라, 최고의 성능을 내기 위해 온몸의 자원을 뇌로 집중시키는 각성 상태에 돌입했다는 증거다. 불안과 흥분은 사실 종이 한 장 차이다. 심장이 뛰고 손에 땀이 나는 현상은 똑같지만 이걸 불안이라는 이름표를 붙여 공포로 만들 것인가, 흥분이라는 이름표를 붙여 에너지로 만들 것인가는 오직 우리의 해석에 달려 있다.

오늘부터 연습해 보자. 공부하다가 어려운 문제를 만났을 때, 혹은 모의고사를 풀기 직전에 심장이 뛰기 시작하면 속으로 외쳐보는 거다.

"왔구나. 내 몸이 드디어 전투 준비를 마쳤어."

이 작은 생각의 전환은 여러분이 시험을 지배하는 주인이 되도록 만들어줄 것이다.

 # 수학 시험 직전에는 어떻게 공부해야 할까?

수학을 공부할 때 시험 전날 밤새우는 것만큼 어리석은 전략은 없다. 시험 직전의 공부는 양으로 승부하는 시기가 절대 아니다. 막판 스퍼트를 하겠다며 새로운 문제집을 사거나, 인터넷 강의를 몰아 듣는 친구들이 있는데, 솔직히 말해 그건 불안감을 잠재우기 위한 자기 위안에 가깝다.

시험 직전 4주는 흩어져 있던 지식을 단단하게 굳히고, 나의 약점을 정확히 파악하고 보완하며, 실전에서 바로 문제에 반응하게 만드는 시간으로 사용해야 한다.

[D-4주 ~ D-1주] 약점 분석 및 전략 수립

이 시기의 목표는 새로운 지식을 쌓는 게 아니라, 내가 아는 것과 모르는 것을 명확히 구분하고 그 경계를 허물어 가는 것이다. 가장 경계해야 할 것은 바로 친숙함의 함정이다. 민준이의 경우가 그랬다. 민준이는 삼각함수 그래프 문제는 다 안다고 착각했지만, 막상 "왜 여기서 평행이동을 써야만 할까?"라고 개념에 대한 질문을 하자 말문이 막혔다. 그게 민준이의 진짜 약점이었다.

이 착각을 깨부수는 방법은 간단하다. 말로 설명할 수 있는지를 확인하면 된다. 내가 이걸 진짜 아는지 확인하려면, 그 문제를 풀기 위한 핵심 연결 고리를 막힘없이 설명할 수 있어야 한다. 설명이 막히는 지점, 그곳이 바로 여러분이 보완해야 할 약점이다.

더불어, 나의 실수 패턴을 명확히 정의해야 한다. 민준이는 늘 계산 실수라고만 했지만, 오답을 분석해 보니 '다항식 전개에서 마지막 항의 음수 부호를 자꾸 빼먹는' 구체적인 패턴이 있었다. 자신의 약점을 이렇게 문장으로 써보고, "다항식 전개 문제를 만나면 무조건 마지막에 부호를 다시 확인한다"와 같이 구체적인 행동 강령을 세워야 한다.

실전 감각 체화

이제 내 몸이 시험 환경에 익숙하게 만들 차례다. 실제 시험처럼 시간을 재고 문제를 푸는 훈련을 반복해야 한다. 이는 단순히 시간을 분배하는 연습이 아니라 실전에서 발생할 수 있는 최악의 상황을 미리 경험하고, 몸이 자동으로 반응하도록 만드는 과정이다.

나는 민준이에게 '막히면 무조건 넘어간다'는 절대 원칙을 훈련시켰다. 민준이는 처음에 1번 문제부터 막히자 자존심 때문에 힘들어했지만, 두세 번의 연습 끝에 이 전략이 자신의 점수를 구하는 길임을 깨달았다. 출제자들은 때로 학생들의 멘탈을 흔들기 위해 일부러 앞부분에 어려운 문제를 배치하기도 한다. 그러니 2분 이상 고민했는데 실마리가 안 보이면, 과감히 표시하고 넘어가는 연습을 해야 한다.

상위권 학생들에게는 일부러 시험 시간을 10분 줄여서 푸는 타임 어택 훈련을 추천한다. 단순히 빨리 푸는 걸 목표로 하라는 말이 아니다. 모든 풀이 과정을 꼼꼼히 적지 않고도, 느낌만으로 확신을 갖는 단계에 도달하는 것을 목표로 하는 것이다. 이 경지에 올라야만 실전에서 검토할 시간을 확보할 수 있다.

[D-1일 & 시험 당일] 멘탈 관리

드디어 결전의 날이 다가왔다. 시험 전날 밤, 나는 민준이에게 딱 세 가지만 하라고 했다.

첫째, 오답 노트 압축하기. 불안한 마음에 노트를 더 두껍게 만드는 게 아니라, 완벽히 이해한 내용은 과감히 찢어버리거나 지워서 가장 중요한 핵심만 남기라고 했다. '이것만 보면 된다'는 자신감을 스스로 심기 위해서였다.

둘째, 걱정 쏟아내기. 잠들기 전 5분 동안 타이머를 맞추고, 시험에 대한 모든 걱정과 불안을 종이에 전부 쏟아내 보라고 했다. 그리고 그 종이를 구겨서 쓰레기통에 버리게 했다. 이는 뇌의 쓰레기통을 비우는 작업이다.

마지막으로, 가장 중요한 것은 잘 자는 것이다. 잠은 단순한 휴식이 아니다. 뇌가 낮에 공부한 방대한 내용을 분류하고, 정리하고, 불필요한 것은 버리는 시간이다. 자동 오답 노트를 한다고 생각하면 된다. 푹 자고 일어난 뇌는 잘 정리된 서재와 같다. 뇌가 건강해야 시험 문제를 보고 필요한 개념을 빠르고 정확하게 꺼내 쓸 수 있다.

🎓 한 문제 더 맞히는 '눈속임 기술'

자, 이제 모든 준비를 마치고 시험장에 들어섰다. 지금부터 이야기하는 아주 작은 디테일이 한두 문제, 나아가 등급을 결정한다. 이건 내 뇌가 가진 나쁜 습관들을 억누르고, 시험지의 함정을 하나씩 피해

가며, 나의 실력을 100퍼센트 이상으로 쥐어짜 내는 영리한 기술들이다.

[기술 1] 'X/?/!' 암호 시스템

시험 당일, 민준이는 문제를 넘길 때마다 문제 번호 옆에 암호를 표시했다. 예를 들어 'X'는 아예 손도 못 댈 문제, '?'는 풀었지만 검토가 필요한 문제, '!'는 시간을 투자하면 풀 수 있을 것 같은 문제, 이런 식으로 말이다. 이 간단한 표시 덕분에 민준이는 시험지를 한 바퀴 다 푼 뒤, 남은 시간을 어디에 투자해야 할지 1초 만에 판단할 수 있었다. 우왕좌왕하며 시간을 낭비하지 않았다.

[기술 2] '모르는 문제'와 '더러운 문제' 구분하기

문제가 안 풀릴 때, 우리 뇌는 이걸 그냥 '어려운 문제'라고 뭉뚱그려버린다. 하지만 문제가 안 풀리는 이유에는 두 가지가 있다.

첫째는 개념을 몰라서 접근법이 안 보이는 '모르는 문제'다. 둘째는 개념도 알고 어떻게 풀지도 알지만, 계산 과정이 너무 복잡하고 지저분해서 뇌가 본능적으로 풀기를 거부하는 '더러운 문제'다.

이 둘을 구분하기만 해도 심리적 우위를 점할 수 있다. 계산이 복잡한 문제를 만났을 때, "이건 내가 모르는 게 아니야. 그냥 계산하기 귀찮은 것뿐이야. 정신 차리고 차근차근 풀면 풀린다"라고 스스로에게 말해주자. '모르는 문제'라는 거대한 벽 앞에서 좌절하는 대신, '더러운 문제'라는 장애물로 인식하면 시험의 기세를 잡을 수 있다.

[기술 3] '아직'이라는 마법

　시험 중반이 되자 민준이는 결국 한계에 부딪혔다. 처음에 X 표시를 하고 넘어갔던 킬러 문제였다. '역시 난 안 되나 봐'라는 목소리가 머릿속에서 들려왔다. 그때 내가 알려준 마지막 기술을 떠올렸다. 바로 '아직'이라는 단어의 마법이다.

　'나는 이 문제를 못 풀어'는 완벽한 실패 선언이다. 하지만 '나는 아직 이 문제를 못 풀 뿐이야'는 가능성을 열어두는 말이다. 이 단어 하나로 '능력이 없다'는 고정형 사고방식에서 '성장하는 중이다'라는 성장형 사고방식으로 우리 뇌를 바꿀 수 있다. 민준이는 속으로 외쳤다. "괜찮아, 아직 못 풀 뿐이야. 다시 해보자." 스스로에게 건네는 이 작은 말이 멘탈을 지켜주는 강력한 동아줄이 되었다.

　결과는 어땠을까? 민준이는 그토록 자신을 괴롭히던 실전 시험에서 처음으로 1등급을 받았다. 시험지와 함께 당당하게 돌아온 민준이는 이렇게 말했다.

　"선생님, 수학 실력이 늘었다기보다는 시험장에서 저 자신을 이기는 법을 배운 것 같아요."

　실전은 결국 자신과의 기세 싸움이다. 내가 알려준 기술들은 단순히 점수를 올리는 요령이 아니다. 시험이라는 거대한 압박감 앞에서 내 감정을 지키고, 내 실력을 온전히 펼치면서 결국에는 시험을 지배하게 만드는 심리적 무기다. 몇백 명의 선배가 이 무기들을 갈고 닦아 실전에서 본인 실력보다 높은 점수를 받아냈다. 이제 여러분이 그 기세를 손에 쥘 차례다.

LEVEL

4

수학 시험 직전에

꼭 알아야 할 것들

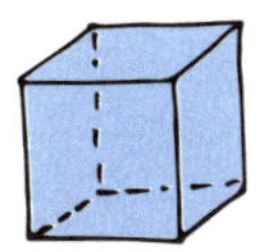

교과서가 하나도
이해가 안 돼요

노베이스 학생들에게 가장 자주 듣는 질문이다. 이 질문을 하는 마음을 나는 누구보다 잘 안다. 교과서 첫 장을 펼쳤을 때, 외계어처럼 보이는 수식 앞에서 느껴지는 막막함과 '나는 정말 안 되는 건가' 하는 자괴감을 말이다.

결론부터 말하자면, 7단계 공부법 중 3단계 '백지 공부법'으로 돌아가야 한다. 하지만 이 질문을 한다는 것은, '백지 공부법'을 시도조차 못하고 있을 확률이 높다. 백지를 앞에 두고 쓸 게 없으니 좌절하는 것이다.

이건 머리가 나빠서가 아니다. 뇌가 친숙한 내용을 진짜 아는 것과 구분하지 못하고 있어서 생기는 일이다. 눈으로 읽을 땐 아는 것 같았는데, 막상 쓰려니 백지 앞에서 뇌가 멈춰버리는 것이다. 40점이었던 나도 그랬었다. 우리는 이러한 문제를 점수별 두 가지 유형으로 나눠서 접근해야 한다.

🎓 [20점대] '완전 노베이스' 학생

만약 중학교 1학년 수학부터 다시 봐야 하는 완전 노베이스라면, '백지 공부법'은 독이다. 이 점수대의 학생이라면 백지에 쓸 수 있는 내용이 없는 게 당연하다. 그런데도 써보라고 하는 건, 100미터 달리기를 한 번도 안 해본 사람에게 "일단 10초 안쪽으로 뛰어봐"라고 말하는 것과 같다. 이 경험이 반복되면 좌절감만 쌓여 자기 확신이 바닥나고, 결국 수학을 포기하게 된다.

이때 필요한 건 '백지 공부법'이 아니라 잉크 한 방울이라도 찍어보는 행위이다. 뇌가 무언가를 시작하게 만드는 연료는 성공 경험이다. 이것이야말로 자기효능감, 즉 우리가 1장에서 말한 자기 확신을 만드는 가장 강력한 연료다.

첫 번째 목표는 교과서 한 장을 다 아는 게 아니다. 현실적인 팁을 주겠다. 먼저 교과서에서 한 개념의 정의를 딱 한 줄만 베껴 적어보자. 지금 당장 중학교 1학년 수학 교과서를 펴고 '방정식' 단원의 첫 페이지만 읽어보자. 그리고 방정식이란 무엇인가에 대해 쓰여 있는 정의 하나만 백지에 베껴 적어라.

그다음에는 책을 덮고, 그 한 문장만 다시 써보자. 안 보고 쓸 수 있을 때까지 딱 그 한 문장만 반복하는 것이다. 안 보고 똑같이 쓰는 데 성공했다면, 스스로를 미친 듯이 칭찬해 보자. "왜 나는 이런 쉬운 것도 못 외울까?" 같은 자기 비난 대신 "그럴 수도 있지" 하고 넘어가자. 반대로 성공했을 땐 "와 하나라도 해냈다! 나 자신 멋지다!"라고 자기 자신을 인정해 줘야 한다. "나는 '방정식의 정의'는 아는 사람이 되었다"라는 작은 성공을 뇌에 각인시키는 것이다.

'백지 공부법'은 내가 아는 것을 인출하는 과정이다. 하지만 아직 인출할 것이 없다면 지금은 지식을 입력하고, 그게 내 머릿속에 존재한다는 성공 경험을 쌓는 게 1순위다.

🎓 [50~60점대] '개념은 아는 노베이스' 학생

앞 유형과는 다르게 개념 수업을 들으면 "아~" 하고 이해한다. 하지만 문제를 풀면 안 풀린다. 바로 '친숙함의 함정'에 빠진 전형적인 모습이다. 이런 친구들에게 3단계 '백지 공부법'은 최고의 처방이다. 이 친구들이 백지 공부법에서 좌절하는 이유는 쓸 게 없어서가 아니라, 체계적으로 쓰지 못해서다. 체계적으로 쓰면서 모르는 걸 알고 있다고 착각하는 것을 줄이는 방법을 알려주겠다.

우선, '나만의 언어'로 설명하듯 적어라. 교과서를 덮고, "일차함수란 무엇인가?"라는 질문에 대해 누군가에게 설명하듯 적어보자. "일차함수는 $y=ax+b$. 그런데… 왜 이렇게 되는 거지?" 하며 아마 10초 만에 말문이 막힐 것이다.

이때 틀린 내용을 빨간 펜으로 수정하지 말자. 대부분의 학생이 여기서 틀린 걸 빨간 펜으로 고치고 공부했다고 착각한다. 아니다. 백지를 찢어버리고 새로 써야 한다.

마지막으로는 '체계화'에 집중해라. '일차함수'라는 단어에서 끝나는 것이 아닌, 다음 내용을 체계적으로 정리할 수 있어야 한다. 내용의 목차를 스스로 잡고 빈칸을 채워야 진짜 '백지 복습'을 완성한 것이다.

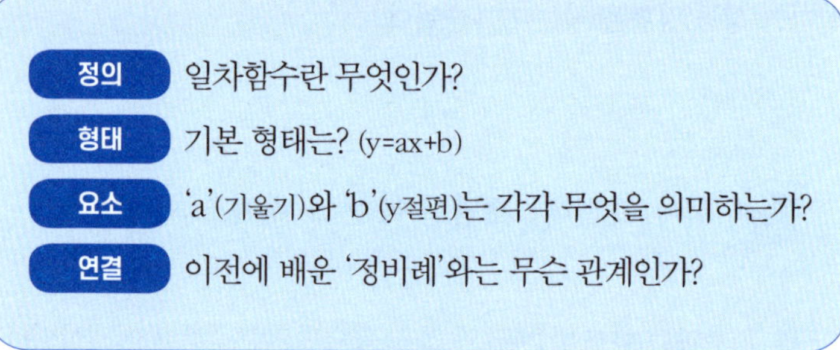

노베이스에게는 양도 중요하지만, 그보다 성장의 감각이 필요하다. 문제집의 모든 문제를 풀 필요는 없다. 유형별로 대표 문제 하나만 5분 동안 깊이 고민하고, 해설을 보며 이해한 뒤, 5분 동안 스스로 설명하여 완전히 습득하면 된다.

"나는 이 문제를 풀 수 없어"가 아니다. "나는 이 문제를 아직 풀수 없어"라고 뇌의 언어를 바꿔야 한다. 이것이 성장형 사고방식의 핵심이다. 실수는 우리를 정의하지 않는다. 오히려 성장의 기회라는 것을 기억하자.

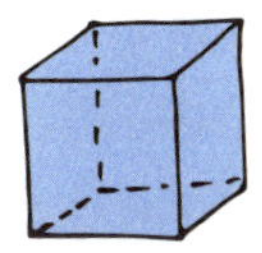

응용·서술형 문제만 나오면
점수가 무너져요

이것 역시 많은 학생의 발목을 잡는 문제다. 객관식은 잘 푸는데, 왜 유독 응용문제나 서술형 문제만 만나면 머릿속이 하얘질까? 개념을 몰라서는 아닐 것이다.

수학 점수가 60점이든 80점이든, 개념은 안다. 그럼에도 이런 일이 생기는 이유는 아는 것을 꺼내 쓰는 반응 속도와 논리력이 부족하기 때문이다.

필요한 처방은 4단계 '반응 노트'에서 제시하는 생각의 흐름이다. 하지만 그냥 오답 노트가 아니라 실패의 원인을 뿌리 뽑는다고 생각하고 이 방식을 활용해야 한다.

대부분의 학생은 오답 노트를 쓰며 전투 기록을 수집만 한다. 문제를 오려 붙이고, 예쁜 펜으로 해설지를 필사한다. 이건 공부가 아니라 수행평가다. 이렇게 공부하면 훗날 똑같은 유형의 문제를 만났을 때 또 틀린다. 패배 원인을 분석하는 방식 역시 학생 유형별로 다르니 자세하게 설명해 보겠다.

 [60~70점대] '응용문제'만 만나면 멈추는 학생

이 점수대의 학생은 개념은 알지만 그 개념이 새로운 옷으로 갈아입고 나오면 알아보지 못한다. 이때는 '반응 노트'의 6가지 단계 중 전반부 3단계, 즉 실패 순간 분석에 집중해야 한다. 반응 노트 작성 예시를 통해 어떻게 분석하면 될지 구체적으로 알려주겠다.

① 최초 반응 기록
"응용·서술형 문제만 나오면 점수 폭망이에요"라는 말 자체가 최초 반응이다. 문제를 보자마자 '아, 이건 응용문제네. 어렵겠다'라며 스스로 '어려운 문제'라는 꼬리표를 붙인다. 뇌가 먼저 공포 반응을 일으키고, 작업 기억이 멈춘다.

② 실패 원인 진단
개념이 부족한 게 아니라 응용력 부족이다. 개념을 어떻게 꺼내 쓸지 모른다는 뜻이다.

실패 분석이 끝나면 다음 단계는 두뇌를 재프로그래밍하기 위해 문제 풀이가 어디부터 잘못되었는지 분석하는 것이다. 이 시점에서 학생들은 시작점을 찾는 훈련에 집중해야 한다. 두뇌 새프로그래밍 단계에서는 문제 풀이의 시작점을 찾는 것에만 집중하자. 그리고 시작점을 찾은 다음에는 나만의 언어로 설명해 보면 된다.

반응 노트 작성 예시

단계	작성 내용
최초 반응 기록	"아, 그래프 나오고 점 움직이는 문제네. 딱 봐도 복잡해 보인다. 일단 패스하고 나중에 풀까?"
실패 원인 진단	(B) 응용력 부족 함수 개념은 알지만, 문제 상황을 수식으로 옮기는 '첫 단추'를 끼우지 못했다.
정서적 반응 기록	'불안함' '회피' 어떻게 시작할지 몰라서 막막하다, 도망치고 싶었다. 해설지를 보니까 "아! 이거였지" 하고 허무해졌다.
두뇌 재프로그래밍 (우선순위: 시작점 찾기)	해설지 첫 줄을 읽어보니 점 P를 (a,2a+1)이라고 한다. 왜 이 생각을 못했을까? 좌표를 설정할 생각을 못 했다. 다음에는 함수 문제에서 그래프가 나오고 점이 나오면 좌표 생각부터 해야겠다.

정리하자면, 이와 같이 작성하면 된다. 이렇게 첫 줄의 근거를 찾으며 반응 노트를 작성하는 훈련을 하다 보면 막힌 응용력이 뚫리고,

응용문제가 더는 두렵지 않을 것이다.

 [80점 이상] '서술형 감점'이 고질병인 학생

첫 번째 학생과는 다르게 문제를 풀고 답을 맞힐 수 있다. 하지만 늘 논리가 비어 있고 풀이 과정을 생략해 서술형 문제에서 감점당한다. 이런 학생들은 '반응 노트'의 후반부 3단계, 즉 두뇌 재프로그래밍에 목숨을 걸어야 한다.

두뇌 재프로그래밍의 첫 단계가 핵심이다. 직관적으로 답을 구하는 친구들은 머릿속에서 암산으로 문제를 푼다. 하지만 서술형은 증명의 영역이다. 모범 답안과 풀이를 비교하며, 논리가 어디에서 점프했는지를 찾아라. 한 가지 예를 들어보겠다.

[문제] A를 중심으로 하는 원이 있다고 하자. 각 CAB가 120도일 때, 각 B는 몇 도일까?

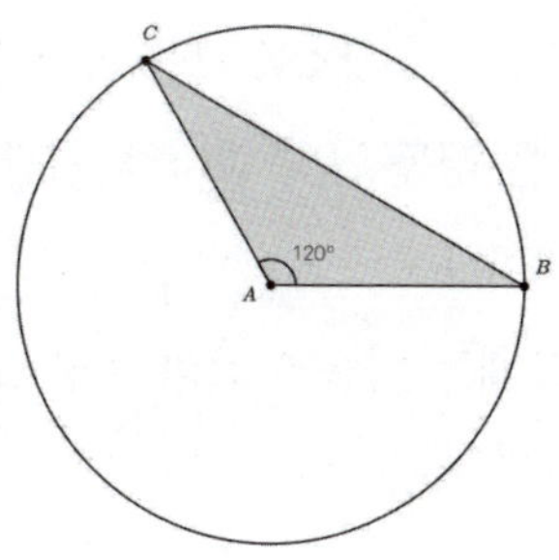

197

> (나의 풀이) "삼각형 ABC는 이등변삼각형이므로 각 B는 30
> 도."
> (모범 답안) "선분 AB와 AC의 길이는 원의 반지름으로 같다.
> 따라서 삼각형 ABC는 이등변삼각형이다. 그러므로…"

이 문제에서 '나'는 '원의 반지름으로 같다'라는 핵심 근거를 빼먹었다. 서술형 문제에서는 이것이 곧 감점 원인이다. 이와 같이 나의 풀이와 모범 풀이가 어디서부터 달라졌는지를 찾아내야 한다.

그다음에는 다시 나만의 언어로 설명해 본다. 답을 아니까 이 과정을 건너뛰어도 된다고 생각하면 안 된다. 이걸 안 하기 때문에 실전에서 틀리는 거다. 답을 아는 것과 설명하는 것은 완전히 다른 뇌의 영역을 쓴다. 그것이 옳다는 것을 설명할 수 있는지를 스스로에게 물어봐라. 설명할 수 없다면, 그 문제를 아는 게 아니다.

이제 다시 이 문제를 만났을 때 또 틀리지 않을 나만의 전략을 수립한다. 뇌의 습관은 무섭다. "만약 앞으로 서술형 문제를 푼다면, '왜냐하면(∵)' 또는 '따라서(∴)' 기호를 모든 논리적 연결마다 의식적으로 사용하겠다"와 같은 행동 규칙 하나가, 직관적인 뇌에 논리라는 브레이크를 걸어줄 것이다.

정리하자면, 이 문제는 다음과 같이 반응 노트를 작성해 볼 수 있다.

단계	작성 내용
전략 갈라짐 분석	- 나의 뇌 : 그림을 보자마자 직관적으로 풀이했다. - 모범 답안 : 선분 AC와 AB가 원의 반지름으로 길이가 같다는 근거를 먼저 제시했다. → 갈라진 지점 : 나는 결론만 썼고, 답안지는 근거를 썼다. 시험은 이 연결 고리를 평가한다.
나만의 언어로 설명하기	채점하는 선생님은 내 마음을 읽어주지 않는다. '그냥 딱 보면 알잖아요'라고 쓰는 것은 하수다. '반지름이니까 길이가 같고, 그래서 이등변 삼각형입니다'라고 친절하게 증명해야 점수를 받는다.
예방 행동 전략 수립	문장과 문장 사이에 '왜냐하면' 기호를 넣을 수 있는지 스스로 점검해 봐야겠다. '왜냐하면'을 쓸 수 없으면 그 풀이는 반만 맞은 것이다.

기억하자. 응용력은 '시작점'을 찾는 훈련으로, 서술형은 '연결 고리'를 찾는 훈련으로 정복된다. 틀린 문제에서 도망치지 않고, 그 실패의 원인을 분석하는 순간, 메타 인지가 발동되며 점수는 오를 수밖에 없다.

학원을 끊고 싶은데,
불안해서 못 끊겠어요

이 질문을 하는 독자는, '6단계. 학원은 질문하러 가는 곳이다'를 읽어야 한다. 학원은 '가이드북'과 같은 존재다. 앞에서도 학원이 우리를 태우고 정상까지 데려다주는 헬리콥터가 아니라는 점은 분명히 밝혔다.

학생들은 왜 학원에 가지 않으면 불안할까? 남들 다 듣는 족집게 강의를 나만 놓치는 것 같아서? 아니면 엄마가 가라고 해서? 사실 이런 이유는 표면적인 이유다. 불안함을 느끼는 진짜 이유를 쉽게 말하자면 스스로가 공부의 주인공이 아니라 관찰자라서 그렇다.

학원은 학생들에게 외재적 동기(숙제 검사, 시험, 등수)를 강제로 주입한다. 우리는 그 시스템에 반응하며 따라가기만 하면 됐다. 하지만 학원을 끊는다는 것은, 이 강제 시스템을 스스로 *끄겠다*는 뜻이다. 그러니 이제 나를 이끌어줄 사람이 없다는 공포가 밀려오는 것이다.

단언컨대, 주인공 시점만 확보한다면, 학원 없이도 성적을 올릴 수 있다. 이 문제 역시, 개인의 수준에 따라 불안의 정도부터 원인과 처방이 다르다.

[70점 이하] '의존형' 학생의 불안감

만약 자신의 수학 점수가 70점 이하라면, 그 불안은 진짜다. 아직 어떻게 공부해야 할지 모르는 상태이기 때문에 학원은 공부 방식을 알려주는 유일한 가이드였다. 이때 필요한 것은 학원에서 무작정 버티는 것이 아니다. 가이드(학원)를 지도(기출문제)로 내제하는 작업이 필요하다. '5단계. 실패 없는 '혼공'을 위한 환경을 만들어라'를 통해 이 문제를 해결해 보자. 그리고 다음 세 가지를 특히 명심해야 한다.

1. 자율성 확보하기

심리학에서 자기 결정 이론은 '자율성 욕구'가 충족되어야 주인공이 된다고 말한다. 학원을 끊는 대신, 직접 '족보닷컴'에서 기출문제를 뽑아라. 자율성을 확보하는 첫 번째 행동이다.

2. 유능감 얻기

학원에 의존했던 이유는 스스로 공부를 잘 해내고 있다는 유능감이 없었기 때문이다. 기출문제를 펼치고, 5단계에서 말한 대로 단원별로 문제를 분류하고 난이도를 표시해 보자. "아, 이 시험지는 70퍼

센트가 '하', '중' 난이도 문제로 이뤄져 있구나"라는 사실을 깨닫게
된다.

3. 불안 제거하기

보통 우리는 만점을 못 받아서 불안하다기보다는 무엇을 어떻게
해야 할지 몰라서 불안하다. 이제 시험의 지도를 그려보면서 시험을
객관적으로 볼 수 있게 되었다. 더 이상 학원 선생님이 아니라, 스스
로 분석한 데이터를 믿게 된다.

이 과정을 진행하며 학원을 끊는 것이 목표가 되면 안 된다. 학원
이 주던 외재적 동기를, 기출문제 분석이라는 내재적 동기로 바꾸려
고 해보자. 학원을 가이드로 이용할 수 있게 된다.

🎓 [70점 이상] '효율 집착형' 학생의 불안감

앞의 학생과는 다르게 이 학생들은 공부하는 방법은 알지만 공부
효율에 대한 생각 때문에 불안하다. 이런 생각이 머릿속에서 떠나지
를 않는다.

"내가 혼자 2시간 고생할 내용을, 학원에서는 30분 만에 알려주
지 않을까?"

맞다. 그럴 수도 있다. 하지만 이 질문은 '6단계 공부법'의 본질을
놓치고 있는 것이다.

보통 학생들은 학원에서 정보를 얻으려 하지만, 상위권 학생들은

학원에 질문하러 간다. 상위권 학생들은 "모르겠어요"가 아니라, 해설지를 보고 자신이 아는 연결 고리와 전혀 이해되지 않는 '하나의 연결 고리'를 구분한 뒤, 바로 그 핵심 연결 고리만 질문한다.

이게 무슨 뜻일까? 그들은 이미 주인공 시점에서 자기주도학습을 하고 있다는 뜻이다. 학원을 끊고 불안하다면, 당신이 공부의 주인공이 아니라는 증거다. 지금 바로 공부 환경 설계부터 시작하라.

1) 방을 자습실로 만들어라: 내 방을 최상위권의 자습실로 바꿔라. 책상에서는 공부 외에 아무것도 하지 마라.

2) 시간을 통제해라: '포모도로 기법(25분 공부, 5분 휴식)'을 써라. 학원의 50분 수업, 10분 휴식보다 더 강력하게 시간을 통제해야 한다.

3) 스스로에게 질문해라: 학원 선생님에게 하던 질문을 스스로에게 던져라. "내가 여기서 왜 이것을 생각 못 했을까?" "이것이 옳다는 것을 (남에게) 설명할 수 있는가?"

학원을 다니면서 80점을 받으면 학원을 안 다니는 순간 60점으로 떨어진다. 하지만 주인공 시점으로 무장한 80점은, 학원을 활용해서 100점이 되거나, 학원 없이도 100점이 될 가능성이 충분하다. 공부의 주인공이 되는 순간, 불안함은 자신감으로 바뀔 것이다.

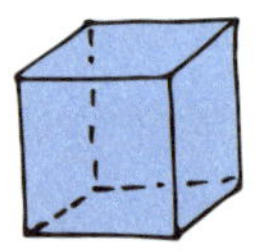

시험 때마다
멘탈이 터지면 어떡하죠?

시험을 볼 때 불안함을 느끼는 이유는 단순히 멘탈이 약해서가 아니다. 시험이 시작되는 순간, 걱정이 머릿속을 가득 채워서 뇌에 문제를 풀 공간이 없어져서 그렇다. 이에 대한 해결 방법은 앞서 '7단계 공부법'에서 충분히 다뤘으니, 여기서는 그 기술을 실전에서 통하게 만드는 훈련법을 이야기하려고 한다.

결론부터 말하자면, 멘탈이 터지는 가장 큰 이유는 시험 환경이 낯설기 때문이다. 시험장의 긴장감, 주변에서 내는 기침 소리 그리고 감독 선생님의 시선은 편안한 교실을 다른 곳처럼 느껴지게 만든다. 우리는 이러한 시험장의 낯선 느낌에 익숙해져야 한다.

이때 우리에게 필요한 훈련이 있다. 바로 일부러 최악의 환경에서 시험을 보는 것이다. 롯데리아, 스타벅스처럼 사람이 많고 시끄러운 장소에 가서 시간을 재고 모의고사를 풀어보자. 옆에서 아이가 울고, 진동벨이 울리고, 누군가 전화 통화를 하며 시끄럽게 해도 수학 문제를 풀어야 한다. 더 나아가 '수능 빌런 ASMR'과 같이 시험장에서 들리는 온갖 방해 소음을 일부러 틀어놓고 시험을 봐보자. 이를 통해 실전에서 멘탈을 흔들 수 있는 모든 요소를 미리 경험할 수 있다. 그러면 어떤 일이 일어날까?

처음에는 당연히 평소보다 못 푼다. 한 문제도 제대로 집중하지 못하고 문제 풀기를 포기한다. 하지만 이 훈련을 두세 번만 반복해도 놀라운 변화가 생긴다. 시험장에서 극심하게 긴장한다고 했던 학생들이 실전에서 거의 긴장하지 않게 된다. 최악의 환경을 이미 겪었으니, 조용한 시험장이 오히려 편안하게 느껴지는 것이다.

그렇다면 연습 때는 어떤 문제를 푸는 것이 좋을까? 이때는 실전 모의고사를 꾸준히 반복하는 것이 좋다. 문제집 뒤에 있는 대단원 평가, 교과서의 대단원 평가, 실전 내신 대비 모의고사 문제집, 기출문제 등을 활용해 실제 시험과 동일한 조건으로 풀어야 한다. 시간을 정확히 재고, 중간에 화장실도 가지 않고, 끝나면 바로 채점까지 하는 모든 과정을 반복해야 한다. 이 반복이 쌓이면 시험이 하나의 크고 낯선 이벤트가 아니라 익숙한 루틴이 된다.

'7단계 공부법'에서 소개한 기술이 멘탈을 지키는 방패의 본질이라면, 이 훈련은 그 방패를 실전에서 휘두르는 연습이다. 기술을 아는 것과 실전에서 쓸 수 있는 것은 다르다. 그렇기에 최악의 환경에서 반복 훈련한 사람만이 시험장에서 기세를 잡을 수 있다.

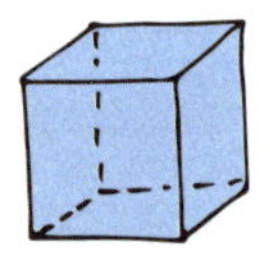

수학을 이제 시작하면 늦은 거 아닌가요?

이 책의 첫 번째 이야기를 떠올려보자. 수학 시험 40점에서 1년 만에 1등이 된 내 이야기는 극적인 성공 신화가 아니다.

노베이스 친구들은 자기 자신에게 수학 머리가 없다는 선입견을 씌운다. 하지만 평범한 머리도 비범한 결과를 만들 수 있다. 뇌는 근육처럼 발달한다. 지능과 능력은 노력을 통해 충분히 계발할 수 있다. 우리가 실패했던 이유는 재능이 없어서가 아니라, 나 자신에게 맞는 공부법을 몰랐기 때문이다.

'노력이 뇌를 변화시킨다'라는 신경가소성의 개념을 믿자. 늦었다고 생각하는 지금이, 그간 스스로를 위축시킨 마음을 깨부수고 역전을 시작할 가장 빠른 때다.

성공한 학생들의 공통점은 공부머리가 아니라 태도였다. 그들은 실패를 성장의 기회로 받아들였고, 자신의 노력을 통해 능력이 향상

될 수 있다고 믿었다. 그들은 공부하는 과정을 통해 성장 마인드셋을 강화했다. 성장할 수 있다는 마인드셋을 기르는 것. 이것이 내가 이 책을 통해 여러분에게 가장 하고 싶은 말이다.

지금 중학생이든, 고등학생이든, 심지어 성인이든 상관없다. 수학은 계단식 학문이라서 포기했던 그 시점의 계단부터 다시 밟으면 된다. 늦었다고 좌절하며 포기할 것인가, 아직일 뿐이라고 말하는 성장 마인드셋의 소유자가 될 것인가?

선택은 우리의 몫이다.

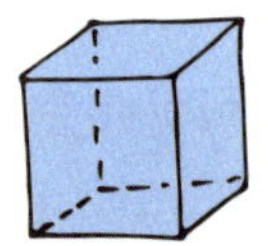

이 책 따라 하면
정말 점수가 오를까요?

"이렇게 한다고 내 점수가 정말 달라질까?"

이 책의 마지막 질문까지 왔지만, 여전히 마음 한구석에는 불안 감이 남아 있을지도 모른다. 하지만 이 책을 끝까지 읽는 것만으로도 수학을 다르게 보는 시선을 가지게 되었을 것이다.

나는 수학 40점을 받던 평범한 학생이었다. '나는 머리가 안 돼' '공부해도 소용없어'라는 생각에 모든 걸 포기하려 하기도 했다. 하지만 나는 해냈다. 내가 특별해서 그런 것이 아니라 나에게 맞는 올바른 전략을 찾았고, 포기하지 않았기 때문이다. 이것이 질문에 대한 나의 대답이다.

이 책에서 제시한 모든 방법은 나를 비롯한 수백 명의 선배가 피와 땀으로 증명해 낸 결과물이다. 이제 우리 차례다. 여기까지 읽은 그 '끈기'라면, 수학을 정복할 수 있다는 자기 확신을 얻기까지 멀지 않았다.

우리의 성적 역전 이야기는 바로 오늘, 이 책을 덮는 순간부터 시작된다.

성적 역전은
오늘부터 시작된다

드디어 책의 마지막이다. 수학을 정복하기 위한 게임의 규칙을 끝까지 읽은 여러분에게 먼저 축하를 건네고 싶다. 수학 공부의 기초부터 7단계 공부법까지, 하나하나 읽는 일이 쉽지만은 않았을 것이다. 이 책을 끝까지 다 읽었다는 사실만으로 여러분은 이미 '성적 역전'이라는 게임에서 한발 앞서 있다.

어린 시절, 내가 겪은 절망과 실패의 경험이 너무나 힘든 기억으로 남아 있기에, 과거의 나와 같은 고통을 겪는 학생들을 외면할 수 없었다. 그렇게 시작된 고민이 이 책이 되었다.

이 책에는 수학 공부가 재능이 아니라 전략의 문제이며, 자기 확신과 끈기만 있다면 평범한 머리도 비범한 결과를 만들 수 있다는 나의 확신이 담겨 있다.

나는 이 책을 통해 '수학 공부법'을 이야기했지만, 사실은 내 인생을 바꾼 생존법에 대해 말하고 싶었다. 재능이 없다는 절망 앞에서 무너지지 않는 법, 벽 앞에서 스스로를 믿고 나아가는 법, 그리고 결국 그 벽을 넘어서는 사고방식까지. 수학은 내게 이 모든 것을 가르쳐준 인생의 스승이었다.

이 책의 공부법을 따라 할 친구들도 수학 공부를 통해 인생을 주체적으로 살게 되기를 바란다.

마지막으로, 이 책을 덮는 독자들에게 단 하나만 부탁하고 싶다. 모든 내용을 완벽하게 기억하지 않아도 괜찮다. 지금 당장 가장 중요한 것은 첫발을 떼는 것이다.

이 책을 덮는 순간, 책상 앞에 앉아서 여태껏 나를 가장 괴롭혔던 수학 문제 딱 하나만 다시 풀어 보자. 그리고 이렇게 말해보자.

"괜찮아, 나는 아직 이 문제를 못 풀 뿐이야."

이 한마디가 생각을 바꾸고, 생각이 행동을 바꾸고, 내일을 바꿀 것이다. 40점짜리 꼴찌였던 내가 이 공부법 책을 쓰게 된 것처럼, 여러분의 잠재력 또한 한계가 없다.

이제 여러분의 차례다. 여러분의 위대한 역전 이야기를 진심으로 응원한다.

어느 날 수학이 재밌어졌습니다

초판 1쇄 인쇄 2026년 4월 21일
초판 1쇄 발행 2026년 5월 6일

지은이 이찬영 (역전수학)
펴낸이 이경희

펴낸곳 빅피시
출판등록 2021년 4월 6일 제2021-000115호
주소 서울시 마포구 월드컵북로 402, KGIT 19층 1906호

ⓒ 이찬영(역전수학), 2026
ISBN 979-11-24137-37-6 03590

성적 역전
비밀 노트

40점 수포자를 1등급 수학 천재로 만든
90일 수학 역전 로드맵 & 오답 관리 전략

성적 역전 비밀 노트

이찬영(역전수학) 지음

빅피시
BIG FISH

일러두기

《성적 역전 비밀 노트》는 수학 노베이스를 대상으로 수학 기초 체력을 만드는 90일 로드맵과 본책에서 다루는 '반응 노트'와 '응용 패턴 노트' 작성 사례를 정리한 별책이다. 《어느 날 수학이 재밌어졌습니다》 초판 구매자 한정으로 구체적인 학습 로드맵을 제공하고 노트 작성법에 대한 이해를 높이고자 제작되었다.

노베이스를 위한 90일 수학 역전 로드맵

1. 노베이스를 위한 90일 시간 관리 로드맵

2. 노베이스가 반드시 짚고 넘어가야 할 초/중등 필수 개념

3. 90일 로드맵이 끝나면 - 다음 스텝 가이드

4. 내 수준에 맞는 문제집, 어떻게 골라야 할까?

수학을 포기했나? 아니면 지금 포기하고 싶나? 그렇다면 이 로드맵은 너를 위한 것이다.

나도 한때 수학 40점이었다. 수학 시간만 되면 잠이 쏟아지고, 시험지를 받으면 아는 문제가 하나도 없었다. 그런 내가 고등학교에서 수학 전교 1등을 했고, 지금까지 1,000명이 넘는 학생들에게 수학을 가르쳐 왔다.

비결은 간단하다. 올바른 순서로, 올바른 방식으로만 공부하는 것이다. 이 로드맵에 그 순서를 현실적으로 담았다. 90일이면 충분하다. 대신 조건이 있다. 매일 꾸준히 포기하지 않고, 이 순서대로 따라가라. 그게 전부다.

이 로드맵의 목표

대상: 중2 수포자 (수학을 포기했거나 포기 직전인 학생)

이 로드맵의 목표는 당장 수학을 잘하는 것이 아니다. 수학을 다시 시작할 수 있는 기초 체력을 만드는 것이다. 다음 세 가지만 명심하면 된다.

1) 초등 수학에서 놓친 핵심 개념의 구멍을 메운다.

2) 중학 수학의 핵심 개념(방정식, 함수, 도형)을 잡는다.

3) 고등 수학에 진입할 수 있는 최소한의 기본기를 갖춘다.

이 로드맵의 핵심은 '완벽'보다 '완성'이다. 이번 기회에 반드시 알아야 하는 것만 확실히 잡아주자. 포기는 없다. 가장 얇은 문제집 한 권이라도 빠르게 끝내는 것이 포기하는 것보다 훨씬 낫다는 걸 체감해 보자.

 노베이스를 위한 90일 시간 관리 로드맵

다음 로드맵은 중학교 2학년 '노베이스' 학생 기준이며, 학생의 상태에 따라 기간은 유동적이다.

(★) 표시가 있는 항목은 가장 중요한 학습 내용이다. 오랜 시간이 걸리더라도 반드시 개념을 익히고 다음 단계로 넘어가자.

구분	기간	목표	학습 내용
준비	1~3일	기초 체력 진단	- 초등 5~6학년 핵심 문제 풀이 - 분수 사칙연산, 비와 비율 확인 - 어디서부터 구멍이 났는지 파악
1단계	4~10일 (약 1주)	초등 필수 개념 구멍 메우기	- 진단에서 틀린 영역 집중 복습 - 분수/소수 사칙연산 반복 - 비와 비율, 약수와 배수 - 최대한 빠르게 많이 풀기
2단계	11~40일 (약 1달)	중1 핵심 개념 완성	- 정수와 유리수 사칙연산 - 문자와 식, 일차방정식 - 좌표평면, 정비례/반비례 - 기본 도형
3단계	41~70일 (약 1달)	중2 핵심 개념 완성	- 식의 계산 - 연립방정식, 부등식 - 일차함수와 그래프 (★) - 도형의 성질, 피타고라스 정리 (★)
4단계	71~90일 (약 3주)	실전 정리 +다음 스텝 설계	- 전체 취약점 재진단 후 보충 - 틀린 유형 반복 풀이('양치기' 공부법) - 상태에 따라서: 중3 예습 혹은 심화 → 여기서부터는 사람마다 다르다

이번에는 로드맵에서 제시한 단계별 학습 내용을 구체적으로 다뤄 보려고 한다. 초/중등에서 반드시 알아야 할 핵심 개념을 선별했다.

이 개념들이 왜 중요한지, 이후 어디에서 이 개념이 쓰이는지를 함께 알아보자. 지금 이 개념을 정확히 알고 있는지 점검하는 것만으로도, 수학이 어디서 막히기 시작했는지 알 수 있다.

[1단계] 중학생이 모르면 안 되는 초등 필수 개념

중학 수학의 뿌리는 초등 수학이다. 다음 개념에 구멍이 하나라도 있으면 중학 수학에서 급격하게 무너진다. 반대로 이 개념들만 확실하게 알면, 중학 수학의 절반은 이미 해결된 것이나 다름없다.

수포자가 가장 많이 생기는 구간이 어디일까? 바로 분수다. 분수의 사칙연산에서 막히면 그 뒤로는 전부 도미노처럼 넘어진다.

1) 수와 연산 - 모든 수학의 기초 체력

개념	왜 중요한가?	어디로 연결되나?
자릿값과 십진법	받아올림, 내림, 곱셈, 나눗셈의 모든 계산 원리. 이걸 모르면 두 자릿수 곱셈부터 무너짐	→ 중1 정수/유리수 연산

분수의 사칙연산	수포자 최다 발생 구간. 분모와 분자의 의미를 모르면 기계적 계산만 하다 고등 수학에서 완전히 막힘	→ 중1 유리수, 중2 식의 계산, 고등함수
소수의 사칙연산	분수와 소수의 변환까지 자유자재로 할 수 있어야 함	→ 중2 순환소수, 고등 근삿값
약수와 배수(최대공약수/최소공배수)	분수 통분의 기초이자, 중1 소인수분해로 직결	→ 중1 소인수분해

2) 규칙성 – 방정식과 함수로 가는 필수 도구

개념	왜 중요한가?	어디로 연결되나?
비와 비율	두 값의 관계를 이해하는 능력. 함수 개념의 출발점	→ 중1 정비례/반비례, 중3 삼각비
비례식과 비례배분	미지수를 구하는 첫 경험. 방정식 사고의 기초	→ 중1 일차방정식, 중2 연립방정식

3) 도형과 측정 – 공간 감각의 기초

개념	왜 중요한가?	어디로 연결되나?
넓이/부피 공식	삼각형, 사각형, 원의 넓이와 부피를 공식으로 구할 수 있어야 함	→ 중2 도형, 고등 적분
도형의 기본 성질	'삼각형 내각의 합은 180°' 같은 기본 성질이 매우 중요	→ 중2 삼각형/사각형 증명

[2단계] 중1이라면 꼭 짚고 넘어가야 하는 필수 개념

중1은 숫자의 세계가 확장되는 시점이다. 양수만 알았는데 갑자기 음수가 등장하고, 숫자 대신에 문자가 나타난다. 이 전환에 적응 못 하면 그 뒤로 계속 벽에 부딪힌다.

우선순위 '방정식 → 함수 → 도형' 순으로 공부해보자.

1) 수와 연산 - 모든 개념을 지탱하는 기반

개념	왜 중요한가?	어디로 연결되나?
정수와 유리수	음수 개념을 모르면 중2 이후 모든 계산이 막힘	→ 고등: 실수 체계, 절댓값
정수/유리수 사칙연산	부호 규칙(-×-=+)은 수학의 문법이라고 보면 됨	→ 고등: 다항식, 방정식 전반

2) 문자와 식 - 본격적인 수학 기호의 시작

개념	왜 중요한가?	어디로 연결되나?
문자의 사용과 일차식	숫자에서 문자로 넘어가는 첫 관문. 여기서 막히면 수학이 외국어처럼 보임	→ 고등: 모든 함수, 모든 방정식
일차방정식 (★)	항상 물어보는 건 미지수. 미지수를 구해야 문제를 풀 수 있음	→ 고등: 이차방정식, 부등식 전반

3) 좌표와 그래프 – 그래프 해석의 기초

개념	왜 중요한가?	어디로 연결되나?
좌표평면	수와 도형을 연결하는 핵심 도구	→ 고등: 함수 그래프, 도형의 방정식
정비례/반비례	함수 개념의 첫 시작. 여기서 함수가 뭔지 감을 잡아야 함	→ 고등: 유리함수, 지수/로그함수

4) 기본 도형 – 논리적인 도형 이해의 시작

개념	왜 중요한가?	어디로 연결되나?
점, 선, 면, 각	도형 문제의 기본 용어	→ 고등: 기하, 벡터
작도와 합동	논리적 증명의 첫 훈련	→ 고등: 증명형 사고력

[3단계] 중2~중3이 꼭 짚고 넘어가야 하는 필수 개념

중2부터 나오는 내용들은 고등 수학으로 이어지는 가장 중요한 분기점이다. 여기서 놓치면 고등 수학은 사실상 불가능하다.

특히 일차함수와 이차함수, 일차방정식과 이차방정식, 그리고 피타고라스 정리. 이 다섯 개가 고등 수학의 절대적인 기초다.

1) 식의 계산 – 고등 수학에서 매일 쓰는 도구

개념	왜 중요한가?	어디로 연결되나?
단항식/다항식 계산	식을 다루는 능력 = 고등 수학 실력 그 자체	→ 고등: 다항식 연산 전반

| 곱셈공식과 인수분해(중3) | 고등 수학에서 가장 많이 쓰는 도구. 손에 익을 때까지 반복 | → 고등: 이차방정식, 미적분 |

2) 방정식과 부등식 - 문제 해결의 핵심 구조

개념	왜 중요한가?	어디로 연결되나?
연립방정식	미지수 2개 상황 해결. 가감법, 대입법 모두 능숙해야 함	→ 고등: 직선의 교점, 연립부등식
일차부등식	범위를 다루는 사고력의 시작	→ 고등: 이차부등식, 절댓값
일차/이차방정식(중3) (★★)	방정식 풀이 능력은 수학 전체를 관통하는 핵심 스킬	→ 고등: 고차방정식, 판별식

3) 함수 - 고등 수학의 80퍼센트를 결정짓는 핵심

개념	왜 중요한가?	어디로 연결되나?
일차함수 (★)	함수 = 고등 수학의 핵심. 식↔그래프 자유 변환 필수	→ 고등: 직선의 방정식, 미분
이차함수(중3) (★)	그래프의 꼭짓점, 축, 개형을 보자마자 파악해야 함	→ 고등: 이차함수 최대/최소, 미적분

4) 도형 - 직관과 논리의 향상

개념	왜 중요한가?	어디로 연결되나?
삼각형/사각형의 성질	고등 수학은 이 성질을 안다는 전제하에 출제함	→ 고등: 기하, 벡터

| 피타고라스 정리
(★) | 직각삼각형은 도형 전반의 기본 도구 | → 고등: 좌표 거리, 삼각함수 |
| 원(중3) | 원의 성질, 원과 직선의 관계는 고등 기하의 핵심 | → 고등: 원의 방정식, 수능 기하 |

---

03 90일 로드맵이 끝나면 - 다음 스텝 가이드

90일 로드맵을 끝냈다고? 축하한다. 이제 우리는 노베이스가 아니다. 여기서부터는 어떤 상태인지에 따라 길이 달라진다. 다음 표를 참고해 나의 현 상태를 진단해 보자.

현 상태	다음 스텝
기초가 탄탄하게 잡힌 경우	바로 다음 학년 수학으로 진입. 가장 얇은 개념서 한 권으로 시작한다.
특정 단원만 불안한 경우	해당 단원만 집중 보강 후 다음 학년으로 진입. 약한 곳만 여러 번 반복해 공부한다.
아직 중학 개념이 불안한 경우	조급해할 필요 없다. 중학 수학 과정을 한 번 더 빠르게 돌리는 것이 고등 수학을 배우는 2배 빠른 길이다.

노베이스에게 가장 위험한 것은 '두꺼운' 문제집이다. 500페이지짜리 기본서를 산다면, 펼치기도 전에 포기하기 쉽다. 그래서 문제집을 고를 때 딱 세 가지 기준만 기억하자.

1) 가장 얇은 것

한 달 안에 끝낼 수 있는 분량의 문제집을 사라. 얇은 책 한 권을 끝내는 경험이 두꺼운 책 세 권을 사놓고 안 푸는 것보다 100배는 낫다.

2) 개념 설명이 있는 것

문제만 나열된 책보다는 개념 설명이 있는 편이 더 낫다. '개념 설명 → 예제 → 연습문제' 순서로 된 것을 추천한다.

3) 자기 수준보다 한 단계 쉬운 것

자존심을 버리자. 노베이스 친구들은 자기 수준을 잘 모른다. 그렇기 때문에 쉬워 보이는 문제부터 풀면서 내 수준을 파악하는 게 우선이다. 자존심은 조금 상할 수 있지만, 쉬운 문제를 다 풀어내는 것이 너무 어려워서 포기하는 것보다 낫다.

∞

이 로드맵은 수학을 포기한 사람이

다시 시작할 수 있는 최소한의 길을 보여준다.

90일은 충분한 시간이다.

매일 조금씩, 이 순서대로 따라온다면 분명히 변화를 느낄 것이다.

그리고 분명히 조금씩 성적이 역전할 것이다.

나도 그랬고, 내 학생들도 그랬다.

이제는 네 차례다.

∞

오답 관리 전략
: 반응 노트 & 응용 패턴 노트
작성법

본책 LEVEL 3에서는 해설을 의미 없이 옮겨 적는 오답 노트 대신 '반응 노트'와 '응용 패턴 노트'라는 새로운 공부 도구를 소개했다. 여기서는 실제로 노트를 작성할 때 따라 할 수 있도록 단계별 예시와 작성 양식을 정리했다.

먼저 반응 노트와 응용 패턴 노트를 어떻게 작성하는지 여기서 소개하는 15개의 예시를 통해 알아보자.

예시 문제는 개념 → 유형 → 심화 난이도순으로 구성되어 있다. 노베이스 학생부터 상위권 학생까지, 자신의 수준에 맞게 보면 된다.

반응 노트는 문제를 틀리는 순간 내 뇌가 어떻게 반응했는지와 다음에는 어떻게 대응할지를 분석하는 노트다. 왜 틀렸는지(과거)와 어떻게 풀지(미래)를 각 3단계씩, 총 6단계로 나누어 점검한다.

실패 순간 분석 (과거)	두뇌 재프로그래밍 (미래)
1단계 최초 반응 기록	4단계 전략 갈라짐 분석
2단계 실패 원인 진단	5단계 나만의 언어로 설명하기
3단계 정서적 반응 기록	6단계 예방 행동 전략 수립

반응 노트로 개별 문제의 실패 원인을 분석했다면, 응용 패턴 노트에서는 출제자의 출제 의도를 분석하고, 문제를 푸는 핵심 공략법을 정리한다. 마지막으로는 문제를 풀 때 주의할 점을 생각해 본다. 이렇게 문제를 푸는 패턴을 이해하면, 이후 같은 방식의 문제를 만났을 때 고민하지 않고 빠르고 정확하게 풀 수 있게 된다.

예시를 모두 살펴본 뒤에는, 직접 작성해 볼 수 있는 양식을 활용해 틀린 문제를 가지고 딱 5문제만 노트를 작성해 보자.

처음에는 분석하는 과정이 낯설고 시간도 오래 걸릴 수 있다. 하지만 이 훈련이 쌓이면, 문제를 보는 시선이 달라진 나를 만날 수 있다.

문제 :   다음 중 약수의 개수가 가장 적은 것은?

① $2^4 \times 3^2$ ② $2^3 \times 5^3$ ③ $2^2 \times 5^2$

④ $2 \times 3 \times 5^3$ ⑤ 3^4

실패 순간 분석 (과거)	두뇌 재프로그래밍 (미래)
1단계 최초 반응 기록	**4단계** 전략 갈라짐 분석
약수의 개수... 하나하나 나열해 볼까? $2^4 \times 3^2$이면 약수가 몇 개지? 너무 많아서 셀 수가 없는데? 그냥 숫자가 큰 게 약수가 많은 거 아닌가?	나 : 약수를 직접 나열하려고 했다. 고수 : (지수+1)×(지수+1) 공식을 바로 적용했다. $2^4 \times 3^2$이면 (4+1)×(2+1)=15개.
2단계 실패 원인 진단	**5단계** 나만의 언어로 설명하기
(A) 개념 부족 – 약수의 개수 공식	소인수분해 되어있으면 약수의 개수는 (지수+1)들을 전부 곱하면 돼. 나열하지 마!
3단계 정서적 반응 기록	**6단계** 예방 행동 전략 수립
멍해짐	만약 약수의 개수를 구하라는 문제가 나오면, 소인수분해 후에 각 지수에 1을 더해서 곱해야겠다.

패턴명	소인수분해된 수의 약수의 개수 구하기
출제 의도	약수의 개수 공식 (지수+1)의 곱을 정확히 적용하는지 테스트
핵심 공략법 (알고리즘)	1. 보기의 숫자가 소인수분해 되어있는지 확인한다. 2. 약수의 개수 = (지수+1)×(지수+1)× … 공식을 적용한다. 3. 약수 개수를 비교한다.
주의할 함정	지수 자체를 곱하면 안 되고 지수에 1을 더한 후 곱하자.

문제 :   다음 그림의 △ABC에서 x의 값은?

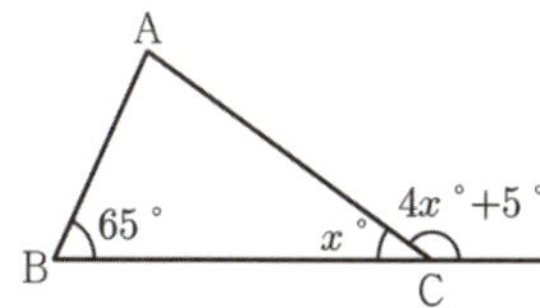

실패 순간 분석 (과거)	두뇌 재프로그래밍 (미래)
1단계 최초 반응 기록	**4단계** 전략 갈라짐 분석
삼각형이니까 내각의 합이 180°지? 65° + x° + 뭔가 = 180°인가? 근데 4x+5는 어디에 넣어야 하지? 각이 세 개인지 네 개인지 헷갈리네	나 : 65°를 식에 넣어서 삼각형 내각의 합으로 풀려고 했다. 고수 : C에서 x°와 (4x+5)°가 한 직선 위에 있으니까 x + (4x+5) = 180으로 바로 풀었다. 65°는 쓸 필요 없다.
2단계 실패 원인 진단	**5단계** 나만의 언어로 설명하기
(D) 문제 잘못 읽음/부주의 - 불필요한 조건에 휘둘림	한 직선 위의 두 각이면 합이 180°야. 문제에 나온 숫자라고 다 쓰는 게 아니라, 평각 관계에 있는 각만 골라내.
3단계 정서적 반응 기록	**6단계** 예방 행동 전략 수립
혼란스러움	만약 한 점에서 직선 위에 두 각이 보이면, 두 각의 합 = 180° (평각)으로 식을 세우고, 관계없는 숫자에 휘둘리지 말아야겠다.

패턴명	삼각형에서 평각으로 각도 구하기
출제 의도	평면도형에서 방정식을 적용할 수 있는지 테스트
핵심 공략법 (알고리즘)	1. 평각은 180도라는 것을 이용하여 식을 작성한다. 2. 일차방정식을 풀이한다.
주의할 함정	방정식에 쓸데없는 각 (65도)을 식에 넣지 않게 주의한다.

문제 :　일차방정식 $ax - 2y - 4 = 0$의 해가 $x = 2, y = 3$일 때, 상수 a의 값을 구하시오.

실패 순간 분석 (과거)	두뇌 재프로그래밍 (미래)
1단계 최초 반응 기록	**4단계** 전략 갈라짐 분석
해가 x=2, y=3이라고? 그러면 이걸 어디에 넣지? a가 뭔지 모르는데 어떻게 풀어? 문자가 세 개나 있잖아...	나 : a가 미지수라서 어떻게 시작해야 할지 막막했다. 고수 : 해를 그대로 대입하면 a만 남는다는 걸 알았다. 2a-6-4=0, 2a=10, a=5.
2단계 실패 원인 진단	**5단계** 나만의 언어로 설명하기
(A) 개념 부족 - 해의 의미	'해'란 식을 참으로 만드는 값이야. x, y에 숫자 넣으면 a만 남아. 그게 끝이야.
3단계 정서적 반응 기록	**6단계** 예방 행동 전략 수립
막막함	만약 방정식의 해가 주어지면, 해를 대입해서 남은 미지수에 대한 새 방정식을 만들어야겠다.

패턴명	방정식의 해를 대입하여 미지수 구하기
출제 의도	'해'의 의미를 알고 대입할 수 있는지 테스트
핵심 공략법 (알고리즘)	1. '해'란 방정식을 참으로 만드는 값이다. 2. x=2, y=3을 방정식에 그대로 대입한다. 3. a에 대한 방정식을 풀어 a를 구한다.
주의할 함정	부호 실수 주의. -2y에 y=3을 대입하면 -6이다.

문제 :　일차함수 $y = f(x)$에 대하여 $f(1) = 16$,
$f(-3) = -8$일 때, $f(5)$의 값을 구하시오.

실패 순간 분석 (과거)	두뇌 재프로그래밍 (미래)
1단계 최초 반응 기록	**4단계** 전략 갈라짐 분석
f(1)이 16이면, 기울기를 구하는 공식이 뭐였더라? x 증가량 분의 y 증가량인가? 그냥 숫자 대충 넣어서 때려 맞출까?	나 : 기울기 공식을 떠올리며 우왕좌왕했다. 고수 : 일차함수 기본형 y=ax+b를 먼저 쓰고, 두 점을 대입해서 연립방정식으로 풀었다.
2단계 실패 원인 진단	**5단계** 나만의 언어로 설명하기
(A) 개념 부족	일차함수면 무조건 y=ax+b야. 문제에서 두 점을 알려줬으니까 대입해서 연립하면 a, b 바로 나와.
3단계 정서적 반응 기록	**6단계** 예방 행동 전략 수립
귀찮음	만약 일차함수에서 두 점이나 함숫값이 나오면, y=ax+b를 쓰고 대입하여 연립해야겠다.

패턴명	일차함수에서 두 점이 나올 때 일차함수 구하기
출제 의도	f(x)=ax+b로 두고 a, b를 구한다
핵심 공략법 (알고리즘)	1. 주어진 식을 f(x)=ax+b에 대입한다. 2. a, b에 대해서 연립방정식을 구한다. 3. 나온 값을 다시 f(x)에 대입한다.
주의할 함정	연립방정식에서 계산 실수하지 않게 하자.

문제 :   다음 조건을 모두 만족시키는 x의 개수는?

> (가) x는 100 이하의 자연수이다.
>
> (나) $N = \dfrac{7}{2^3 \times 5^2 \times x}$ 은 유한소수로 **나타내어진다.**

실패 순간 분석 (과거)	두뇌 재프로그래밍 (미래)
1단계 최초 반응 기록	**4단계** 전략 갈라짐 분석
유한소수면 분모에 2나 5만 있어야지. 그럼 x에 3이나 7이 들어가면 안 되겠네. 2의 배수랑 5의 배수만 세면 되나? 아, 근데 분자에 7이 있네?	나 : 분모만 쳐다보고 분자는 무시했다. 고수 : 약분이 0순위다. 분자의 7이 분모의 불청객 하나를 지워줄 수 있다는 걸 체크했다.
2단계 실패 원인 진단	**5단계** 나만의 언어로 설명하기
(C) 계산 실수 - 약분 미확인	무조건 기약분수로 약분부터 해. 분자에 7 있지? 그럼 분모에 7이 한 번은 들어가도 괜찮아.
3단계 정서적 반응 기록	**6단계** 예방 행동 전략 수립
찝찝함	만약 유한소수 판별 문제가 나오면, 분모만 보지 말고 분자가 분모의 불청객을 약분할 수 있는지 먼저 체크해야겠다.

패턴명	유한소수가 될 조건
출제 의도	기약분수 상태에서 분모의 소인수를 파악했는지 테스트
핵심 공략법 (알고리즘)	1. 약분 : 주어진 분수를 기약분수로 먼저 만든다. 2. 소인수분해 : 분모를 소인수분해한다. 3. 불청객 제거 : 분모에 2와 5 이외의 소인수, 즉 불청객이 있다면 곱해지는 수가 불청객을 약분하게 만든다.
주의할 함정	약분 안 하고 분모만 쳐다보지 않게 주의하자.

문제 :　　$2^{16} \times 25^7$은 n자리의 자연수이다. n의 값을 구하시오.

실패 순간 분석 (과거)	두뇌 재프로그래밍 (미래)
1단계 최초 반응 기록	**4단계** 전략 갈라짐 분석
2를 16번 곱하고 25를 7번 곱하라고? 계산하다 끝나겠네. 그냥 앞자리만 대충 곱해볼까?	나 : 무식하게 계산하려고 했다. 고수 : 자릿수는 0의 개수다. 2와 5를 짝지어서 10(커플)을 만드는 퍼즐로 봤다.
2단계 실패 원인 신난	**5단계** 나만의 언어로 설명하기
(B) 응용력 부족 – 지수법칙	자릿수 물어보면 무조건 10 만들기야. 2와 5 지수 짝 맞춰서 묶어. 남는 숫자들만 따로 계산하면 돼.
3단계 정서적 반응 기록	**6단계** 예방 행동 전략 수립
어이없음	만약 큰 수의 곱셈에서 자릿수를 물어보면, 밑을 소인수분해해서 2와 5의 짝을 지어 10의 거듭제 곱으로 묶어야겠다.

패턴명	n자리 자연수 구하기
출제 의도	지수법칙을 이용해 10의 거듭제곱 묶음 만들기 테스트
핵심 공략법 (알고리즘)	1. 지수 정리 : 2와 5의 지수 곱 형태로 정리한다. 2. 10으로 묶기 : 작은 쪽 지수에 맞춰서 10의 지수 형태로 묶는다. 3. 자릿수 합산 : 곱해지지 않은 남은 숫자의 자릿수를 합쳐서 최종 　　자릿수를 구한다.
주의할 함정	자릿수를 셀 때 남은 숫자를 빼놓지 않게 주의하자.

문제 : 다음 그림과 같이 직사각형 ABCD에서 대각선 BD를
접는 선으로 하여 접어서 점 C가 옮겨진 점을 E, 변 BE와
변 AD의 교점을 F라고 할 때, 옳지 <u>않은</u> 것은?

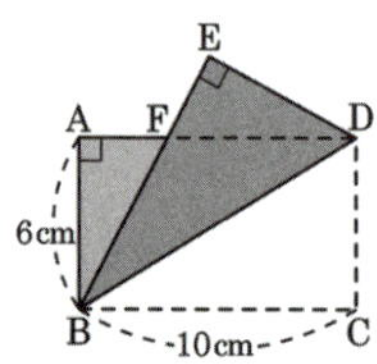

실패 순간 분석 (과거)	두뇌 재프로그래밍 (미래)
1단계 최초 반응 기록	**4단계** 전략 갈라짐 분석
종이를 접으니까 모양이 복잡하네. 대충 눈으로 보니까 BF랑 DF랑 길이가 같아 보이는데… 이등변삼각형 맞는 것 같은데 증명을 못하겠네.	나 : 눈대중으로 풀려고 했다. 고수 : 접은 각(동그라미)과 엇각(Z자)을 그림에 직접 표시해서, 밑각이 같음을 눈으로 확인했다.
2단계 실패 원인 진단	**5단계** 나만의 언어로 설명하기
(D) 문제 잘못 읽음/부주의 - 표시 안 함	접었으면 접힌 각 표시하고, 직사각형이면 Z자 그려서 엇각 표시해. 그러면 각 두 개 똑같은 이등변삼각형이 보여.
3단계 정서적 반응 기록	**6단계** 예방 행동 전략 수립
초조함	만약 종이 접기 문제가 나오면, 접은 각(동그라미)과 엇각(Z자)을 그림에 표시하고 이등변삼각형을 찾아야겠다.

패턴명	직사각형 종이 접기
출제 의도	접은 각과 엇각의 성질을 이용해 이등변삼각형 찾기
핵심 공략법 (알고리즘)	1. 접은 각 표시 : 접기 전 각과 접은 후의 각이 같음을 표시한다. 2. 엇각 표시 : 직사각형은 마주 보는 변이 평행하므로 엇각이 같음을 표시한다. 3. 이등변삼각형 : 두 밑각이 같아져서 이등변삼각형이 되는 삼각형을 찾는다. 4. 길이가 같은 변을 표시하고 피타고라스 정리 등 공식을 적용한다.
주의할 함정	이등변삼각형인 걸 찾아놓고 변의 길이를 구할 때 엉뚱한 변을 잡지 않도록 주의하자.

문제 : y축과 세 직선 $y = ax + 10$, $y = 4$, $y = 8$로 둘러싸인
사각형의 넓이가 16일 때, 양수 a의 값을 구하시오.

실패 순간 분석 (과거)	두뇌 재프로그래밍 (미래)
1단계 최초 반응 기록	4단계 전략 갈라짐 분석
넓이가 16인데, a 때문에 그래프를 못 그리겠네. 그냥 공식 없나? 머리로 상상해 보다가 안 그려지니까 포기.	나 : 미지수 a 때문에 그래프 그리기를 포기했다. 고수 : 그릴 수 있는 y=4, y=8 가로선부터 먼저 그렸다. 그랬더니 사다리꼴 모양이 보였다.
2단계 실패 원인 진단	5단계 나만의 언어로 설명하기
(B) 응용력 부족 - 그래프 그리기 기피	모르는 문자 있어도 아는 것부터 좌표평면에 그려. 눈으로 봐야 넓이 식을 세우지.
3단계 정서적 반응 기록	6단계 예방 행동 전략 수립
무기력함	만약 도형의 넓이 문제가 나오면, 식이 완벽하지 않아도 무조건 그래프 개형부터 그리고 시작해야겠다.

패턴명	직선들로 둘러싸인 사각형의 넓이
출제 의도	그래프를 그려서 좌표를 통해 넓이를 구한다
핵심 공략법 (알고리즘)	1. 모든 직선을 평면에 그린다. 2. 교점의 좌표를 구한다. 3. 좌표를 이용해서 넓이를 구한다.
주의할 함정	일차항의 계수의 부호를 잘 보고 그래프를 그리자.

문제 :　　다음 그림에서 $\overset{\frown}{AC} : \overset{\frown}{BD} = 5 : 4$이고 $\overset{\frown}{BD}$의 길이가

원주의 $\dfrac{2}{9}$ 일 때, $\angle APD$의 크기를 구하시오.

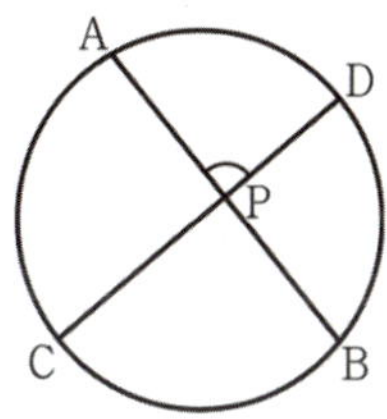

실패 순간 분석 (과거)	두뇌 재프로그래밍 (미래)
1단계 최초 반응 기록	**4단계** 전략 갈라짐 분석
호의 비가 5:4라고? 원주의 2/9가 뭐지? 중심각은 어떻게 구하지? 원주각이랑 중심각이 헷갈린다.	나·후의 비율과 중심각 여결을 못했다. 고수 : 호 BD = 원주의 2/9 → 중심각 = 360°×2/9 = 80°. 호의 비로 나머지 중심각도 구하고 꼭지각 공식을 적용했다.
2단계 실패 원인 진단	**5단계** 나만의 언어로 설명하기
(B) 응용력 부족 – 호 → 중심각 변환	호의 길이 비 = 중심각의 비야. 원주의 분수에 360°를 곱해서 중심각 구해. 원주각은 그 절반!
3단계 정서적 반응 기록	**6단계** 예방 행동 전략 수립
당황함	원에서 호의 비나 길이가 나오면, 먼저 360°를 기준으로 중심각으로 바꾸고, 원주각 = 중심각 ÷ 2 를 적용해야겠다.

패턴명	호의 비율로 원주각 구하기
출제 의도	호의 길이 비 → 중심각 → 원주각 변환 테스트
핵심 공략법 (알고리즘)	1. 호의 길이가 원주의 몇 분의 몇인지 확인하고, 중심각 = 360° × (비율)로 구한다. 2. 호의 비 = 중심각의 비를 이용해 나머지 호의 중심각도 구한다. 3. 두 현이 원 내부에서 만들 때: 꼭지각 = (마주보는 두 호의 중심각의 합) ÷ 2
주의할 함정	원주각과 중심각을 헷갈리지 말자. 원주각 = 중심각 ÷ 2

문제 : 다음 그림과 같이 $\overline{AB}=12\,cm$, $\overline{AD}=15\,cm$인 직사각형 ABCD에서 $\overline{CD}$ 위에 한 점 E를 잡고 $\overline{AE}$의 연장선과 $\overline{BC}$의 연장선이 만나는 점을 F라 하자. $\overline{AE}:\overline{EF}=3:1$ 일 때, $x+y$의 값을 구하시오.

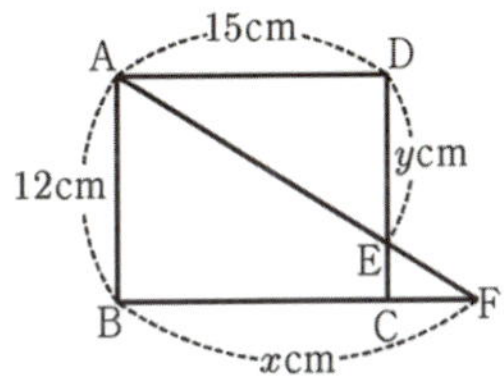

실패 순간 분석 (과거)	두뇌 재프로그래밍 (미래)
1단계 최초 반응 기록	4단계 전략 갈라짐 분석
연장선? 점 F? 그림이 복잡하네... 어떤 삼각형이 닮음인 거지? AE:EF=3:1이면 뭘 어떻게 써야 하지?	나 : 닮음인 삼각형을 찾지 못하고 막혔다. 고수 : △ADE와 △FCE가 AA닮음인 걸 찾았다. AE:FE=3:1이니까 대응변 비율 3:1로 x, y를 구했다.
2단계 실패 원인 진단	5단계 나만의 언어로 설명하기
(B) 응용력 부족 - 닮음 삼각형 찾기	연장선 나오면 닮음이 숨어 있어. 평행한 변 찾고 같은 각 찾으면 AA닮음 완성. 닮음비 = 대응변의 비.
3단계 정서적 반응 기록	6단계 예방 행동 전략 수립
답답함	만약 연장선과 닮음이 나오면, 먼저 평행선을 찾고 AA닮음인 삼각형 쌍을 찾아서 비례식을 세워야겠다.

패턴명	연장선에서 닮음 삼각형 찾아 길이 구하기
출제 의도	닮음인 삼각형 쌍을 찾고 닮음비로 미지수 구하기
핵심 공략법 (알고리즘)	1. 평행한 변을 찾아 닮음인 삼각형 쌍 찾기. (AA닮음) 2. 대응하는 변의 비 = 닮음비를 설정한다. 3. 비례식을 세워 미지수 x, y를 구한다.
주의할 함정	대응하는 변을 정확히 짝짓자. 순서를 조심하기.

문제 :   포물선 $y = x^2 + ax + a - 1$이 x축과 만나는 두 점
사이의 거리가 2일 때, 이를 만족하는 a의 값의 합은?

① 1   ② 2   ③ 3
④ 4   ⑤ 5

실패 순간 분석 (과거)	두뇌 재프로그래밍 (미래)
1단계 최초 반응 기록	4단계 전략 갈라짐 분석
x축과 만나는 점이니까 y=0 대입하고... 근의 공식을 써야 하나? 아니면 판별식 D를 써야 하나? 루트 안에 문자 들어가니까 복잡해지는데...	나 : 근을 직접 구하려고 덤벼들었다 고수 : 두 점 사이의 거리가 2인걸 보고 아예 두 근을 p,p+2로 세팅하고 시작했다. 방정식을 푸는게 아니라, 식을 만드는 문제다.
2단계 실패 원인 진단	5단계 나만의 언어로 설명하기
(B) 응용력 부족 - 좌표 설정 스킬 부족	거리 알려주면, 끙끙대지 말고 한 근을 p라 두고 다른 한 근을 p+거리로 만들어.
3단계 정서적 반응 기록	6단계 예방 행동 전략 수립
막막함	만약 두 근의 차가 숫자로 나온다면, 좌표를 잡고 식을 작성해야겠다.

패턴명	이차함수 두 근 거리가 숫자로 나올 때
출제 의도	좌표 설정 능력과 좌표와 이차함수 관계를 테스트
핵심 공략법 (알고리즘)	1. x축과 만나는 두 점을 (p,0) (p+거리,0)으로 설정한다. 2. 1번에 맞게 이차함수 식을 y=k(x-p)(x-(p+거리))로 표현한다. 3. 원래 식과 비교하여 계수를 구한다.
주의할 함정	간혹 두 근을 바로 구할 수 있는 문제도 있으니 구별하자.

문제 :　다음 그림과 같이 두 점 P, Q는 각각 이차함수

$$y = -x^2 - x + 6, \quad y = \frac{1}{3}x^2 - x - \frac{10}{3}$$ 의 그래프 위에

있고 $\overline{PQ}$는 x축과 수직이다. $\overline{PQ} = 8$이고 점 P의

x좌표가 p일 때, p^2의 값을 구하시오.

(단, 점 P의 y좌표가 점 Q의 y좌표보다 크다.)

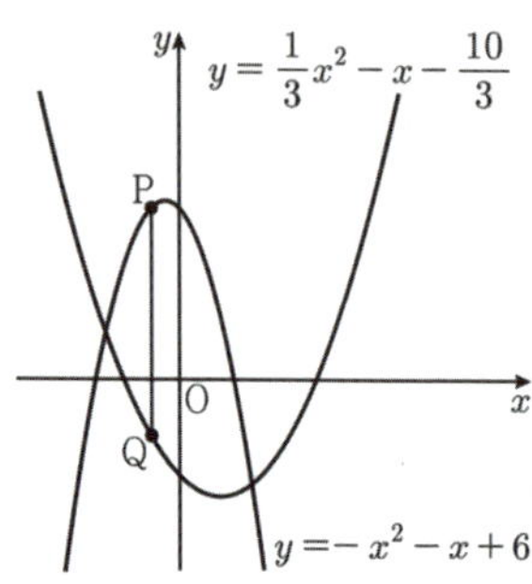

실패 순간 분석 (과거)	두뇌 재프로그래밍 (미래)
1단계 최초 반응 기록	**4단계** 전략 갈라짐 분석
점 P, Q 좌표도 모르는데 이걸 어떻게 구하지? 일단 두 식을 연립해서 교점을 구해야 하나?	나 : 교점을 찾으려고 연립부터 했다. 고수 : 교점이 아니라 길이 문제다. x좌표를 p라고 두고, y값의 차이 = 8이라는 식을 세웠다.
2단계 실패 원인 진단	**5단계** 나만의 언어로 설명하기
(A) 개념 부족 - 함수 위 점의 좌표 설정	x좌표가 똑같을 땐 위 y좌표에서 아래 y좌표를 뺀 게 바로 길이야.
3단계 정서적 반응 기록	**6단계** 예방 행동 전략 수립
당황함	만약 그래프 위에 수직인 선분(길이)이 나오면, x좌표를 미지수 p로 잡고 (위 y - 아래 y = 길이) 식을 세워야겠다.

패턴명	이차함수에서 두 점의 거리가 주어질 때
출제 의도	좌표 설정 능력 테스트
핵심 공략법 (알고리즘)	1. 보통은 문제에서 x좌표를 주지 않으니, p라고 둔다. 2. 두 점의 y좌표를 이차함수에 대입해서 구한다. 3. 큰 y좌표에서 작은 y좌표를 빼서 식을 만든다. 4. p를 구한다.
주의할 함정	p가 두 개 나오면 당황하지 말고, 조건을 다시 읽어본다.

문제 :　다음 그림과 같이 $\angle C = 90°$ 인 직각삼각형 ABC에서
$\overline{AB} \perp \overline{CH}$ 일 때, $x + y + z$의 값을 구하시오.

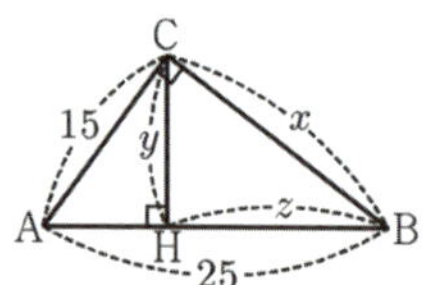

실패 순간 분석 (과거)	두뇌 재프로그래밍 (미래)
1단계 최초 반응 기록	**4단계** 전략 갈라짐 분석
이거 그 공식인데…? 가운데 제곱이 양쪽 곱이었나? 왼쪽 제곱이 전체 곱하기 요만큼이었나? 헷갈리네. 그냥 닮음비 세워서 풀까?	나 : 공식을 어렴풋이만 알고 확신이 없었다. 고수 : 왼쪽 제곱 = 짧은 변 × 긴 변, 가운데 제곱 = 양쪽 곱 공식을 정확히 구분해서 썼다.
2단계 실패 원인 진단	**5단계** 나만의 언어로 설명하기
(A) 개념 부족 - 공식 암기 불확실	직각삼각형 안에 수선 있을 때 공식 - 왼쪽 변 제곱 = 짧은 변 × 긴 변 - 가운데 높이 제곱 = 양쪽 변 곱 - 넓이 공식 = 밑변 × 높이 = 왼쪽 변 × 오른쪽 변
3단계 정서적 반응 기록	**6단계** 예방 행동 전략 수립
불안함	공식을 암기할 수 있게 연습문제 몇 개 풀어야겠다.

패턴명	직각삼각형의 닮음 공식
출제 의도	닮음 공식들을 상황에 맞게 꺼내 쓸 수 있는지 테스트
핵심 공략법 (알고리즘)	1. 큰 직각삼각형과 수선이 어디인지 확인한다. 2. 구해야 하는 변의 위치를 보고 공식을 선택한다. - 왼쪽 변 제곱 = 짧은 변 × 긴 변 (오른쪽 변도 동일) - 가운데 높이 제곱 = 양쪽 변 곱 - 넓이 공식 = 밑변 × 높이 = 왼쪽 변 × 오른쪽 변 3. 피타고라스의 정리를 섞어서 나머지 변을 구한다.
주의할 함정	전체 길이인지, 부분 길이인지 잘 확인하자.

문제 : 다음 그림과 같은 직각삼각형 ABC에서 ∠A의
이등분선이 $\overline{BC}$와 만나는 점을 D라 할 때, △ABD의
넓이를 구하시오.

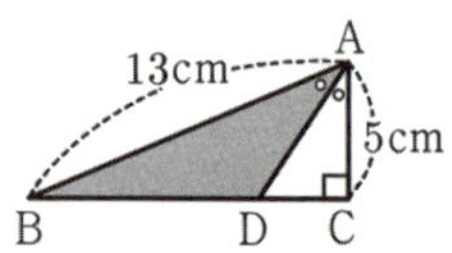

실패 순간 분석 (과거)	두뇌 재프로그래밍 (미래)
1단계 최초 반응 기록	**4단계** 전략 갈라짐 분석
넓이 구하라고? 밑변은 AB인가? 높이는? D에서 수선 내려야 하나? 각을 이등분했으니까 45도인가? 특수각 아니네? 망했다.	나 : 피타고라스의 정리와 넓이 공식에만 집착했다. 고수 : 각의 이등분선 정리(하트 공식)를 먼저 써서 밑변 비율부터 구했다.
2단계 실패 원인 진단	**5단계** 나만의 언어로 설명하기
(A) 개념 부족 - 각의 이등분선 정리	하트 공식이랑 피타고라스의 정리를 쓰면 끝난다. 왼쪽 변 : 오른쪽 변 = 왼쪽 밑변 : 오른쪽 밑변. 비율 알면 길이 구하는 건 쉽다.
3단계 정서적 반응 기록	**6단계** 예방 행동 전략 수립
짜증스러움	만약 삼각형에 각의 이등분선이 보이면, 그림 위에 비례식 (a:b = c:d)부터 먼저 써놓고 풀이를 시작해야겠다.

패턴명	피타고라스의 정리 + 각의 이등분선의 정리
출제 의도	두 공식을 동시에 한 도형에서 테스트
핵심 공략법 (알고리즘)	1. 피타고라스의 정리와 각의 이등분선의 정리 중 무엇을 먼저 적용할지 결정한다. 2. 결정한 이론대로 길이를 구한다. 3. 나머지 이론대로 길이를 구하고 문제를 풀이한다.
주의할 함정	각의 이등분선 정리할 때 비율 실수하지 않게 조심하자.

문제 : 다음 그림과 같이 일차함수 $y = \dfrac{1}{5}x + 1$의 그래프와 x축

사이에 두 개의 정사각형이 놓여 있다. 두 정사각형의
각각의 둘레의 길이의 합이 44일 때, 작은 정사각형의
넓이를 구하시오.

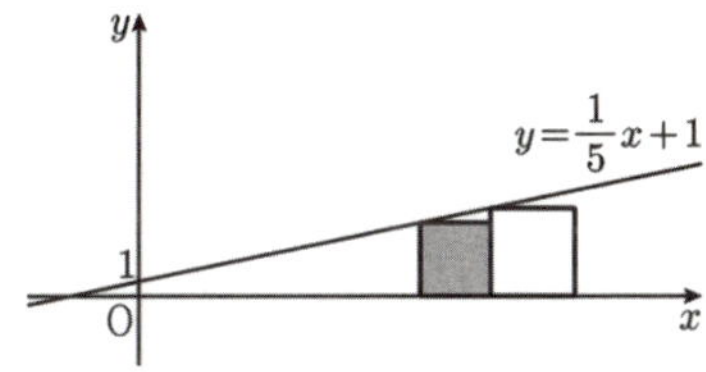

실패 순간 분석 (과거)	두뇌 재프로그래밍 (미래)
1단계 최초 반응 기록	**4단계** 전략 갈라짐 분석
정사각형 두 개? 작은 거 한 변 a, 큰 거 한 변 b라고 둘까? 문자가 두 개면 식도 두 개여야 하는데, 식이 하나밖에 없네.	나 : 변의 길이를 문자로 두려고 했다. 고수 : 함수 위의 점 P의 좌표를 (t, 식)으로 뒀다. y좌표가 곧 정사각형의 한 변의 길이라는 걸 이용했다.
2단계 실패 원인 진단	**5단계** 나만의 언어로 설명하기
(B) 응용력 부족 - 좌표와 길이의 관계	함수 위에 점이 있으면 x좌표를 t라고 두자. 그때 나오는 y좌표가 곧 높이(변의 길이)야.
3단계 정서적 반응 기록	**6단계** 예방 행동 전략 수립
답답함	만약 함수 그래프에 접하는 도형(정사각형 등)이 나오면, 한 점의 좌표를 (t, f(t))로 잡고 y좌표를 변의 길이로 해석해야겠다.

패턴명	x축과 일차함수 사이에 접하는 도형들
출제 의도	도형의 성질을 좌표계에서 적용하기
핵심 공략법 (알고리즘)	1. 일차함수 위의 한 점에서 x좌표를 p로 두고 나머지 좌표를 구한다. 2. 도형의 성질을 이용하여 나머지 일차함수 위의 한 점의 좌표를 구한다. 3. 조건을 이용하고, 일차함수에 대입하여 p를 구한다.
주의할 함정	좌표의 변수와 상수가 겹치지 않게 조심한다.

▼▼▼

자, 이제 나를 괴롭히던 딱 다섯 문제만 골라서

'응용 패턴 노트'와 '반응 노트'를 적어보자.

이제 우리는 아무리 오답 노트를 적어도

비슷한 문제를 만나면 틀리던 과거와는 다르게

한번 틀린 문제를 다시는 틀리지 않는

새로운 눈을 가지게 된다.

▼▼▼

응용 패턴 노트 및 반응 노트 양식

체감 난이도 :   범위 :

문제 :

패턴명	
출제 의도	
핵심 공략법 (알고리즘)	
주의할 함정	

실패 순간 분석 (과거)	두뇌 재프로그래밍 (미래)
1단계 최초 반응 기록	4단계 전략 갈라짐 분석
2단계 실패 원인 진단	5단계 나만의 언어로 설명하기
3단계 정서적 반응 기록	6단계 예방 행동 전략 수립

응용 패턴 노트 및 반응 노트 양식

체감 난이도 :   범위 :

문제 :

패턴명	
출제 의도	
핵심 공략법 (알고리즘)	
주의할 함정	

실패 순간 분석 (과거)	두뇌 재프로그래밍 (미래)
1단계 최초 반응 기록	4단계 전략 갈라짐 분석
2단계 실패 원인 진단	5단계 나만의 언어로 설명하기
3단계 정서적 반응 기록	6단계 예방 행동 전략 수립

응용 패턴 노트 및 반응 노트 양식

체감 난이도 :   범위 :

문제 :

패턴명	
출제 의도	
핵심 공략법 (알고리즘)	
주의할 함정	

실패 순간 분석 (과거)	두뇌 재프로그래밍 (미래)
1단계 최초 반응 기록	4단계 전략 갈라짐 분석
2단계 실패 원인 진단	5단계 나만의 언어로 설명하기
3단계 정서적 반응 기록	6단계 예방 행동 전략 수립

응용 패턴 노트 및 반응 노트 양식

체감 난이도 :   범위 :

문제 :

패턴명	
출제 의도	
핵심 공략법 (알고리즘)	
주의할 함정	

실패 순간 분석 (과거)	두뇌 재프로그래밍 (미래)
1단계 최초 반응 기록	4단계 전략 갈라짐 분석
2단계 실패 원인 진단	5단계 나만의 언어로 설명하기
3단계 정서적 반응 기록	6단계 예방 행동 전략 수립

응용 패턴 노트 및 반응 노트 양식

체감 난이도 :   범위 :

문제 :

패턴명	
출제 의도	
핵심 공략법 (알고리즘)	
주의할 함정	

실패 순간 분석 (과거)	두뇌 재프로그래밍 (미래)
1단계 최초 반응 기록	4단계 전략 갈라짐 분석
2단계 실패 원인 진단	5단계 나만의 언어로 설명하기
3단계 정서적 반응 기록	6단계 예방 행동 전략 수립